U0673885

"国家公园监测管理与能力提升"系列

国家公园
多元化资金保障机制研究

国家林业和草原局发展研究中心◎编著

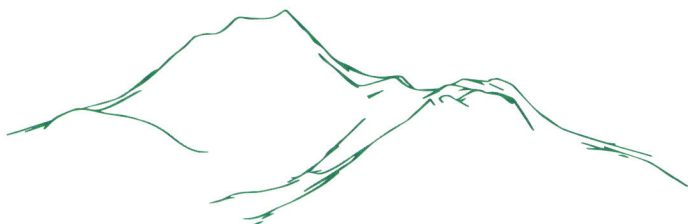

中国林业出版社
China Forestry Publishing House

图书在版编目（CIP）数据

国家公园多元化资金保障机制研究 / 国家林业和草原局
发展研究中心编著. -- 北京：中国林业出版社，
2025.5. --（"国家公园监测管理与能力提升"系列）.
ISBN 978-7-5219-3194-5

Ⅰ. S759.992

中国国家版本馆CIP数据核字第202575TK04号

责任编辑：李　敏　王美琪
_____

出版发行：中国林业出版社
　　　　　（100009，北京市西城区刘海胡同7号，电话010-83143575）
电子邮箱：cfphzbs@163.com
网　　址：www.cfph.net
印　　刷：河北鑫汇壹印刷有限公司
版　　次：2025年5月第1版
印　　次：2025年5月第1次印刷
开　　本：710mm×1000mm　1/16
印　　张：7
字　　数：100千字
定　　价：78.00元

《国家公园多元化资金保障机制研究》

编 著 者

王芊樾	余吉安	赵金成
林子渝	孟明明	黄富杰
朱英山	胡安琪	吴 铜

前言

　　建立国家公园体制是我国生态文明制度建设的重要内容，对于推进自然资源科学保护和合理利用，促进人与自然和谐共生，推进美丽中国建设，具有极其重要的意义。党的十九大报告中明确指出"构建国土空间开发保护制度，完善主体功能区配套政策，建立以国家公园为主体的自然保护地体系"。

　　习近平总书记指出："中国实行国家公园体制，目的是保持自然生态系统的原真性和完整性，保护生物多样性，保护生态安全屏障，给子孙后代留下珍贵的自然资产。"党的二十届三中全会《决定》提出："全面推进以国家公园为主体的自然保护地体系建设。"设立国家公园、建立国家公园体制，是以习近平同志为核心的党中央站在实现中华民族永续发展的战略高度作出的重大决策，是生态文明体制改革的一项重大制度创新，对于推进自然生态保护、建设美丽中国、促进人与自然和谐共生具有重要意义。

　　资金问题涉及国家公园改革各方的核心利益，是国家公园改革的"龙头"问题。资金机制不理顺，国家公园管理体制运行不会顺畅。相关研究结果显示，中国大多数国家级保护地，财政拨款通常占到70%~80%的收入比重，且带有很强的地方管理属性和条条管理属性，这种传统的资金保障机制在保障能力、资金效率方面存在着较大问题，与建立统一、规范、高效的国家公园资金保障机制的目标存在很大差距，需要通过改革加以解决。

　　在此背景下，2020年，国家林业和草原局决定由国家林业和草原局经济发展研究中心（今国家林业和草原局发展研究中心）、北京林业大学、东北林业大学等单位共同开展"国家公园多元化资金保障机制研究"，旨在分析评价国家公园现行投资状况的基础上，找准问题明确方向，为深化国家公园投入改革提供决策建议。

本书立足中国生态文明建设战略，系统探索国家公园资金保障体系。以全球视野剖析国家公园发展脉络，梳理中国自然保护地体系从自然保护区、风景名胜区到国家公园的改革轨迹，着重解决保护地资金渠道单一、管理效率低下等问题。结合国内三江源、大熊猫等试点实践，比较分析美国、英国、日本等典型国家经验。提出了"稳基础、广开源、重节流"的多元化资金保障框架。财政层面优化中央与地方投入结构的动态匹配机制，社会层面构建企业捐赠、公益基金、个人捐助等多维参与模式，市场层面创新绿色金融工具、生态补偿机制及特许经营开发。强调成本控制，通过志愿者服务、技术共享和绿色保险降低运营成本。从管理机制设计出发，提出资金规划、监督与生态专款专用制度，确保资金使用科学透明，形成兼顾生态保护与经济社会效益的发展模式，为中国自然保护地体系发展提供参考。

在项目实施过程中，项目组坚持深入一线，先后到、四川、青海、福建、海南等省（市），就相关问题展开了深入调研。主要采用案例分析的方法，通过文献查阅、试验数据调查、与基层林业部门座谈、农户访谈、实地踏查及问卷调查等形式，对典型国家公园投入和影响等要素进行了深入分析。

本书全面系统地总结了当前国家公园资金保障机制建立存在的问题，包括投资总额不足、投入渠道单一、长效机制尚未建立等。针对这些问题，研究提出了多项科学可行的政策建议，以期为构建统一、规范、高效的国家公园资金保障机制奠定理论和实践基础。

编著者

2024 年 12 月

目　录

第 1 章

国家公园的历史脉络与构建基石

1.1 国家公园的全球视野：起源与演进

国家公园是自然保护地的类型之一，1872年世界第一个国家公园——黄石国家公园在美国诞生，这标志着国家公园首次作为自然保护地的形式出现。通过设立国家公园进行生态系统和资源的保护这一做法迅速从美国扩散到世界各地，加拿大、澳大利亚、南非、日本、新西兰、英国、德国等国家都建立了各具特色的国家公园。截至目前，全世界国家公园的数量已经超过1800个。在全球保护地系统中所占面积比例最大，是世界保护地体系中采用的最重要的形式。

"国家公园"这一概念最早由美国艺术家乔治·卡特林（George Catlin）提出来的。1832年，乔治·卡特林在去一个名为达科塔斯（Dakotas）的印第安人部落的路上，目睹了美国西进运动对印第安文明、野生动植物和荒野产生的负面影响，他对此十分忧虑，写道："它们可以被保护起来，只要政府通过一些保护政策设立一个大公园——一个国家公园，其中有人也有野兽，所有的一切都处于原生状态，体现着自然之美"。1864年，美国国会将优胜美地峡谷（Yosemite Valley）列为州立公园进行保护。1872年，首个国家公园的成立并颁布《黄石法案》，被认为是人类最初的自然保护思想运动的胜利。1916年美国成立了国家公园管理局，国家公园的管理被纳入到法制化轨道。

1969年在印度新德里召开的世界自然保护联盟（International Union for Conservation of Nature，IUCN）第十届大会上作出决议，明确国家公园必须具备如下特征（唐芳林，2010）：区域内生态系统尚未由于人类的开垦、开采和拓居而遭到根本性的改变，区域内的动植物、景观和生态环境具有特殊的科学、教育和娱乐的意义或区域内含有一片壮美的自然景观；政府相关机构已采取措施以阻止或尽可能消除在该区域内的开垦、开采和拓居，并使其生态、自然景观和美学的特征得到尽可能的展示；在一定条件下，允许以精神、教育、文化和娱乐为目的的参观旅游。

　　1962年首届世界公园大会在美国西雅图举行，国家公园的地位由此确立，至今共举办了6届，历届世界公园大会主题以及全球各大洲首次设立国家公园的国家和地区情况见表1–1和表1–2。

表1–1　历届世界自然保护联盟（IUCN）世界公园大会主题

年份（年）	会议主题	地点
1962	世界保护地类型的定义与标准 Definitions and Standards for Representative Systems Leading to the UN List of PAs	美国 西雅图
1972	生态系统保护，制定世界遗产与湿地公约 Conservation of Ecosystems, Genesis of World Heritage and Wetlands Conventions	美国 黄石公园
1982	可持续发展中的保护地，保护地中的发展援助 PAs in Sustainable Development, Development Assistance in PAs	印度尼西亚 巴厘岛
1992	全球变化与保护地，保护地分类与管理有效性 Global Change and PAs, PAs Categories and Management Effectiveness	委内瑞拉 加拉加斯
2003	管控，可持续金融与能力发展，陆海统筹，平等与利益共享 Governance, Sustainable Finance, Capacity Development, Linkages in the Landscape and Seascape, Equity and Benefit Sharing	南非 德班
2014	公园、人与星球——激励措施 Parks, People, Planet-Inspiring Solutions	澳大利亚 悉尼

　　资料来源：根据吴承照（2015）的研究整理所得。

　　世界自然保护联盟（IUCN）在1994年提出了6个类型的自然保护区管理分类，出版了《IUCN自然保护地管理分类应用指南》，对于保护地，书中是这样定义的："通过法律及其他有效手段进行管理，特别用以保护和维护生物多样性和自然相关文化资源的陆地或海洋"。IUCN自然保护地管理分类见表1–3。按照划分标准，共有6类自然保护地，其中第Ⅱ类型被定义为：大型的自然或近自然保护区，用于保护大尺度的生态过程，辅以该地区的物种和生态系统特征，同时也为环境相亲、文化相容的精神体验、科研、教育、游憩提供基础（王连勇和霍伦贺斯特·斯蒂芬，2014）。这也是被广泛承认的关于国家公园的定义。

表1-2　首次设立国家公园的国家和地区

地区	北美洲	大洋洲	非洲	欧洲	南美洲	亚洲	独联体国家
国家数量（个）	15	4	44	32	11	27	9
19世纪	美国、加拿大	澳大利亚、新西兰					
1900—1909年			纳米比亚				
1910—1919年			南非	瑞典	乌拉圭		
1920—1929年			刚果、津巴布韦、卢旺达	瑞士、西班牙	智利、圭亚那		
1930—1939年	古巴、墨西哥		布隆迪、中非、苏丹、吉布提	意大利、冰岛		菲律宾、日本、印度尼西亚、印度、斯里兰卡、马来西亚	白俄罗斯
1940—1949年			刚果、摩洛哥、肯尼亚、塞内加尔	荷兰、爱尔兰、波兰、保加利亚、罗马尼亚、芬兰、希腊	阿根廷、巴西、委内瑞拉、玻利维亚		
1950—1959年	哥斯达黎加、多米尼加、危地马拉、巴哈马群岛		多哥、坦桑尼亚、赞比亚、乌干达、突尼斯、贝宁、布基纳法索、安哥拉、马达加斯加、马里、尼日尔	马其顿、斯洛伐克、克罗地亚	哥伦比亚	以色列、伊朗、土耳其、朝鲜	
1960—1969年	海地		博茨瓦纳、乍得、马拉维、埃塞俄比亚、喀麦隆	英国、南斯拉夫	厄瓜多尔	泰国、越南、约旦、韩国	
1970—1979年	尼加拉瓜、安提瓜和巴布达、多米尼克、巴拿马	巴布亚新几内亚、萨摩亚	莱索托、加纳、阿尔及利亚、塞舌尔、冈比亚、利比亚、毛里塔尼亚	挪威、南斯拉夫黑、阿尔巴尼亚	秘鲁、巴拉圭	巴基斯坦、阿富汗、尼泊尔、蒙古	格鲁吉亚、吉尔吉斯斯坦、乌兹别克斯坦、亚美尼亚
1980—1989年	洪都拉斯、萨尔瓦多		埃及、利比里亚、几内亚	德国、捷克、法国、葡萄牙、丹麦、匈牙利、拉脱维亚、爱沙尼亚、奥地利		沙特阿拉伯、孟加拉国、中国台湾地区、缅甸、不丹、黎巴嫩	乌克兰、哈萨克斯坦、俄罗斯
20世纪90年代			伯利兹、毛里求斯、塞拉利昂	斯洛文尼亚、比利时		科威特、文莱、塞浦路斯	塔吉克斯坦

资料来源：根据吴承照（2015）的研究整理所得。

表 1-3　IUCN 自然保护地管理分类

类型	名称	描述	规模	说明
Ia	严格的自然保护地	这种自然保护地是指受到严格保护的区域，设立目的是保护生物多样性，亦可能涵盖地质和地貌特征。人类活动、资源利用和影响受到严格控制，以确保其保护价值。该类自然保护地在科学研究和监测中发挥着不可或缺的参考价值	通常较小	严格自然保护地，人烟稀少的地区，因此尽管大型规模的 Ia 地区存在也很可能是例外
Ib	荒野保护地	这种自然保护地通常是指大部分保留着原貌，或仅有些微小变动的区域，保存了其自然特征和影响，没有永久性或者明显的人类居住痕迹。对其保护和管理是为了保持其自然原貌	通常较大	野生地区的基本原理是他们提供足够的空间去体验荒解和大尺度的自然生态系统
II	国家公园	这种自然保护地是指大面积的自然或接近自然的区域，重点是保护大面积完整的自然生态系统，以及相关的物种和生态过程。设立目的是保护大尺度的生态过程，以及这些自然保护地提供了环境相文化兼容的精神享受、科研、教育、游憩和参观的机会	通常较大	生态系统保护过程表明，该地区需要大到足以包含所有或大多数这样的过程
III	自然文化遗迹或地貌	这种自然保护地是指为保护某一特别自然历史遗迹所特设的区域，可能是地形地貌、海山，也可能是古老的小树林这样依然存活的地质形态。这些区域通常面积较小，但通常具有较高的参观价值	通常较小	大型自然保护地含有特有的自然遗迹通常也有其他保护价值
IV	栖息地/物种管理区	这种自然保护地主要用来保护某类物种或栖息地，在管理工作中也体现这种优先性。第 IV 类自然保护地需要经常性的、积极的干预工作，以满足某类种栖息地的需要，但这并非该类型必须满足的	通常较大	如果该类自然保护地的建立只为保护个别物种和栖息地，这表明它是相对较小的
V	陆地景观/海洋景观自然保护地	这种自然保护地是指人类和自然长期相处而所产生的特点鲜明的区域，具有重要的生态、生物、文化和景观价值。对双方和谐相处状态的完整保护是确保该区域持续发展、本类自然资源管理利用都至关重要	通常较大	在一个景观区域里，不同的土地利用的镶嵌再加上自然保护，对于保护该区域并维护其长期自然保护地通常是一个较大的区域
VI	自然资源可持续利用自然保护地	这种自然保护地是指为了保护生态系统和栖息地、文化价值和传统自然资源管理系统的区域。这些自然保护地通常面积庞大，大部分处于自然状态，其中一部分处于可持续自然资源管理利用之中，且该区域的主要目标是保证自然资源的低水平非工业化水平利用与自然保护互相兼容	通常较大	管理的广泛性通常表明此类自然保护地是一个较大的区域

1.2 中国自然保护地体系的多元化探索

中国是陆地大国，陆地面积约960万平方千米，在世界各国中位居第三，仅次于俄罗斯与加拿大，与整个欧洲的面积相差无几。同样，中国也是海洋大国，海洋面积约300万平方千米。在地理区域上，东西跨越60个经度，从最东的黑龙江和乌苏里江的主航道中心线的相交处（135°2′30″E）到最西的帕米尔高原附近（73°29′59.79″E）；南北跨越的纬度近50°，从最南的曾母暗沙（3°58′20″N）到最北的漠河以北的黑龙江主航道中心线（53°33′30″N），地形地貌复杂多样，包括山地、高原、盆地、平原、丘陵等地形。由于广阔的国土、复杂的地形，就形成了复杂多样的气候。丰富的地理单元、复杂多样的气候使得中国的植被种类异常丰富。中国是世界上生物多样性最为丰富的12个国家之一，生态系统类型多样，高等植物种类位居世界第三，脊椎动物占到世界总数的13.7%，是世界四大遗传起源中心之一。

中国人口总量大，经济快速发展过程中对于资源的不合理利用是中国生物多样性受到严重威胁的两个主要原因，森林、草原、海洋等系统遭到严重破坏，生态系统持续退化，不仅总面积减少，而结构和功能的降低或丧失使得许多物种不具备了生存条件，成为濒危物种、易危物种，甚至消失，新疆虎、华南虎、滇鳠、犀牛、高鼻羚羊等动物已经灭绝，而大熊猫、野骆驼、银杉、杪椤、金花茶、人参、望天树等动植物也处在濒临灭绝的状态。面对环境与生态系统承载压力日益严峻的挑战，亟须通过科学规划与政策创新，构建绿色发展模式，推动中国可持续发展目标的实现。

中国自1956年开始建立自然保护区，已建立了多种类别的自然保护地，包括各种类型、各种级别的自然保护区近3000个、森林公园3000多个、湿地公园近1000个，此外还包括风景名胜区、地质公园、海洋公园（海洋特别保护区）、沙漠公园等多样化保护地类型。截至2019年年底，中国共建立各级、各类保护地超过1.18万个，保护面积占到全国陆域面积的18.0%、管辖海域面积的4.1%（中华人民共和国生态环境部，2019）。

1.2.1　自然保护区：生态守护的先锋

自然保护区是指有代表性的自然生态系统、珍稀濒危野生动植物物种的天然集中分布区、有特殊意义的自然遗迹等保护对象所在的陆地、陆地水体或者海域，依法划出一定面积予以特殊保护和管理的区域（中华人民共和国国务院，2017）。1956年建立中国第一个自然保护区——广东肇庆鼎湖山自然保护区。中国自然保护区徽志于2006年10月27日正式发布，其核心图案由一双手托地球构成，通过渐变光影与色彩对比展现蜿蜒的河流、蓝天白云与绿地交融的生态场景，整体象征人类守护自然、实现和谐共生的核心理念。双手象征保护，强调对自然保护区及地球环境的重视，倡导全民参与。周边环绕中英文名称，底纹以云水纹装饰，彰显地域特色，如图1-1所示。

图1-1　中国自然保护区徽志

截至2023年年底，全国共有各级别自然保护区2766个，其中国家级自然保护区474个、省级自然保护区860个、市县级自然保护区1432个。这些自然保护区曾经分由林业、环保、海洋、住建、农业、国土等部门进行管辖。

中国自然保护区的建设与管理历经数十年发展，其体制机制中积淀的客观制约因素已逐步显现。这些深层次矛盾不仅关乎生态保护效能，更直接制约着国家可持续发展战略的实施，亟须系统性解决方案。

1.2.2　风景名胜区：自然与文化的和谐共生

风景名胜区是指具有观赏、文化或者科学价值，自然景观、人文景观比较集中，环境优美，可供人们游览或者进行科学、文化活动的区域（中华人民共和国国务院，2016）。风景名胜区可以分为国家级风景名胜区和省级风景名胜区两大类别。根据《风景名胜区条例（2016修订）》规定"国务院建设主管部门负责全国风景名胜区的监督管理工作"，也就是住房和城乡建设部是监督主管部门。自1982年开始，国家总共公布了9批，共244处国家级风景名胜区。截至2023年年底，全国各级别风景名胜区共计1051处。

在已经废止的国家标准GB 50298—1999中将国家级风景名胜区在保护地归类中等同于"海外的国家公园"。而在中国国家级风景名胜区的徽志（图1-2）中，对应的英文即为"NATIONAL PARK OF CHINA"，翻译成中文即为"中国国家公园"。

图1-2　中国国家级风景名胜区徽志

在风景名胜区的经营管理中，保护与开发的矛盾尤为突出。一方面，国家级风景名胜区自然风光独特，具有很高的保护价值。另一方面，地方政府往往将风景名胜区视为"摇钱树"，过度依赖旅游发展以增加地方财政收入。然而，这一过程中暴露出管理体制与管理机构的不完善、规划缺乏前瞻性、盲目建设盛行以及旅游执法不严等一系列问题。在风景名胜区的开发利用上，出现了明显的错位与过度开发现象，给中国的风景名胜区带来了难以逆转的损害。

1.2.3　森林公园：绿色氧吧的营造

中国的森林公园主要分为国家级、省级、县级。根据《国家级森林公园管理办法》规定"国家林业和草原局主管全国国家级森林公园的监督管理工作。县级以上地方人民政府林业主管部门主管本行政区域内国家级森林公园的监督管理工作"。中国国家森林公园徽志，如图1-3所示。建立森林公园的主要目的是保护和利用

图1-3　中国国家森林公园徽志

森林风景资源，为社会提供良好森林游憩服务，以满足人们对生态文化和健康消费的需求，森林公园的主要功能在于保护森林风景资源和生物多样性、普及生态文化知识、开展森林生态旅游。1982 年成立的张家界国家森林公园是中国最早建立的国家森林公园。

截至 2022 年年底，国家森林公园 902 个、省级森林公园 1448 个、县级森林公园 1203 个，总面积达到了 1754 万公顷。中国森林公园数量众多，国家财政投入大量资金用于森林公园的发展建设，但是具体到每个国家公园，所得资金并不多，这也很大程度上限制了森林公园功能的实现（何建立，2016）。

1.2.4　湿地公园：水生态的守护者

国家湿地公园是指以保护湿地生态系统、合理利用湿地资源、开展湿地宣传教育和科学研究为目的，经国家林业和草原局批准设立，按照有关规定予以保护和管理的特定区域[①]。中国国家湿地公园徽志如图 1-4 所示，内圈图案展现的是典型的湿地景观，洁白的天鹅恰似一只展开的大手保护、呵护着湿地。中国湿地面积达到3848 万公顷，湿地绝对面积数量大，占

图 1-4　中国国家湿地公园徽志

世界湿地总面积的 10% 以上，位居亚洲第一，世界第四。

1992 年，中国加入《湿地公约》（全名《关于特别是作为水禽栖息地的国际重要湿地公约》）后，才开始对湿地这一生态系统进行管理和研究。截至 2022 年年底，全国共建立国家湿地公园 903 处，全国湿地总面积稳定在 5635 万公顷，湿地保护率达 56%，同时进行了湿地宣传教育的强化工作，发布了《西宁宣言》和《海口倡议》，进一步推动长江流域和滨海湿地保护。但是湿地保护工作依然面临着湿地保护区面积小、开垦占用严

①《国家湿地公园管理办法》。

重、湿地资源被过度开发、环境污染加剧、泥沙淤积严重、资金投入不足等一系列问题。

1.2.5　地质公园：地球历史的见证

地质公园是以具有特殊科学意义、稀有性和美学观赏价值的地质遗迹为主体，并融合其他自然景观、人文景观组合而成的一个特殊地区。1996年8月，法国地质学家Guy Martini提出了建设地质公园的构想，三年后，联合国教科文组织在巴黎召开的会议上讨论了地质公园计划，将其命名为"Geopark"。

中国的地质公园建设开始于21世纪初，是在联合国教科文组织发起的"世界地质公园网络体系"倡议的背景下由原国土资源部主持开展，首批建立11处国家地质公园。中国国家地质公园徽志如图1-5所示，其中心为古汉字"水"，寓意水体景观与地质构造；下部为侏罗纪马门溪龙形象，象征古生物。图案融合地质景观与中华文化精髓，简洁而深刻。截至

图1-5　中国国家地质公园徽志

2022年年底，中国共有世界地质公园41处、国家地质公园282处、省级地质公园556多处。

由于地质公园建设时间较短，管理部门对地质公园的管理建设处于探索阶段，或将其作为保护区进行管理，或将其作为旅游景区来管理，而地质公园公益性属性不足。地质公园受制于经费不足、人才短缺等原因未能形成科普教育、科学研究等机制，同时地质公园的门票经济一定程度扭曲了其原有的价值主张。

1.2.6　海洋特别保护区：蓝色疆域的呵护

海洋特别保护区是指具有特殊地理条件、生态系统、生物与非生物资源及海洋开发利用特殊要求，需要采取有效的保护措施和科学的开发方式

进行特殊管理的区域。海洋特别保护区包括海洋特殊地理条件保护区、海洋生态保护区、海洋公园、海洋资源保护区 4 种类型。2005 年中国建立了第一个国家级海洋特别保护区，截至 2023 年年底，中国共有 15 处国家级海洋特别保护区。

在发展过程中，海洋特别保护区逐步暴露出体制不顺、经费不足、多头管理、重申报轻管理等一系列问题，这些问题的出现不仅影响了设立的初衷，基础设施薄弱，无法满足日常管理，相关科研工作没办法有力推进，甚至有的单位建而不管，过于开发利用，生态保护功能无法得以实现。现在海洋特别保护区正在进行逐步改革，逐步取消海洋特别保护区建设，同时推进海洋公园的建设工作。

1.2.7　沙漠公园：干旱之地的绿色奇迹

沙漠公园是以沙漠景观为主体，以保护荒漠生态系统、合理利用沙漠资源为目的，在促进防沙治沙和维护生态功能的基础上，开展公众游憩休闲或进行科学、文化、宣传和教育活动的特定区域。石漠化也属于荒漠生态系统的一种重要类型，成因与土地沙化一致，主要分布在中国西南喀斯特岩溶地区。为了促进国家沙漠公园规范发展，增加国家沙漠公园的影响力和形象识别度，自 2022 年 7 月 7 日起，国家林业和草原局批准的国家沙漠公园及试点可合理使用中国国家沙漠公园徽志（图 1-6）。

图 1-6　中国国家沙漠公园徽志

建立沙漠公园的主要目的包括两方面：一方面需要防沙治沙、维护荒漠生态系统的稳定，另一方面对荒漠资源进行利用。中国于 2013 年 8 月在宁夏中卫市设立首个国家沙漠公园，截至 2022 年年底，国家沙漠公园个数已经达到 128 个。

中国原有的自然保护地体系在历史时期曾发挥了重要作用，但是随着时间推移，原有体系的保护和开发之间的矛盾日益凸显、问题层出不穷，亟须一种新的自然保护地制度来解决其中的问题。

1.3 中国国家公园的崛起与发展轨迹

改革开放到21世纪初期，中国主要是以风景名胜区的管理体制为主导，不同类型保护地的管理部门不同，存在明显的多头管理问题，这在很大程度上限制了中国自然保护地的发展。这一时期，"国家公园"的治理模式引起了国内的注意，早在2006年，中国首个国家公园——香格里拉普达措国家公园就揭牌了。2008年云南省被国家批准为国家公园建设试点省，同年黑龙江省成立汤旺河国家公园进行试点。

国家公园是自然生态系统保护体系的重要组成部分，也是中国自然保护地中最为重要类型之一。它们由国家批准设立并主导管理，拥有明显的边界，旨在保护具有国家代表性的大面积自然生态系统。作为一项超越功利价值的保护管理制度设计，国家公园专注于对具有高保护价值的国土空间进行保护，旨在实现自然资源的科学保护与合理利用，涵盖特定的陆地或海洋区域。《中华人民共和国宪法》规定，森林、山岭、水流、草原、矿藏、野生动物、荒地、滩涂等自然资源都属于国家所有，而国家公园管理机构也是代表国家行使管理权限的资源管理职能部门。

2013年11月召开的中共十八届三中全会审议通过《中共中央关于全面深化改革若干重大问题的决定》提出建立国家公园构想。2015年9月，中共中央、国务院印发的《生态文明体制改革总体方案》明确提出"建立国家公园体制，加强对重要生态系统的保护和永续利用，改革各部门分头设置自然保护区、风景名胜区、文化自然遗产、地质公园、森林公园等的体制，对上述保护地进行功能重组，合理界定国家公园范围。国家公园实行更严格保护，除不损害生态系统的原住民生活生产设施改造和自然观光科研教育旅游外，禁止其他开发建设，保护自然生态和自然文化遗产原真性、完整性。加强对国家公园试点的指导，在试点基础上研究制定建立国家公园体制总体方案。构建保护珍稀野生动植物的长效机制。"2015年国家公园正式开始设立试点，首批设立10个国家公园体制试点单位，包括三江源国家公园、大熊猫国家公园、东北虎豹国家公园、海南热带雨林国家公园、祁连山国家公园、神农架国家公园、钱江源国家公园、南山国家公园、武夷山国家公园、普达措国家公园。国家公园试点面积、涉及省份、重要保护价值与核心资源等详见表1-4。

2017年9月，中共中央办公厅、国务院印发《建立国家公园体制总体方案》（以下简称《总体方案》），为中国国家公园体制的建立提供了根本蓝图。针对国家公园的资金投入机制，《总体方案》中提出"建立财政投入为主的多元化资金保障机制""在确保国家公园生态保护和公益属性的前提下，探索多渠道多元化的投融资模式"。2019年6月，中共中央办公厅、国务院印发《关于建立以国家公园为主体的自然保护地体系的指导意见》，进一步明确了中国构建以国家公园为主体、自然保护区为基础、各类自然公园为补充的自然保护地体系的发展方向，强调"建立以财政投入为主的多元化资金保障制度""鼓励金融和社会资本出资设立自然保护地基金，对自然保护地建设管理项目提供融资支持"。2020年10月召开的中国共产党第十九届中央委员会第五次全体会议审议通过了《中共中央关于制定国民经济和社会发展第十四个五年规划和二〇三五年远景目标的建议》，全会提出，推动绿色发展，促进人与自然和谐共生。要守护自然生态安全边界，提升生态系统质量和稳定性。

2022年9月，国务院办公厅转发财政部、国家林草局（国家公园局）《关于推进国家公园建设若干财政政策的意见》，明确提出到2025年，充分发挥财政的支持引导作用，不断丰富完善财政政策工具，创新财政资金运行机制，基本建立以国家公园为主体的自然保护地体系财政保障制度，保障国家公园体系建设积极稳妥推进。到2035年，完善健全以国家公园为主体的自然保护地体系财政保障制度，为基本建成全世界最大的国家公园体系提供有力支撑。

表1-4 国家公园体制试点一览表

名称	面积（万公顷）	涉及省份	重要保护价值与核心资源	保护物种（种）			
				野生动物		野生植物	
				I级	II级	I级	II级
东北虎豹国家公园	146.12	吉林 黑龙江	中国东北虎、东北豹野生种群数量最大，密度最高的区域，向内陆扩展的最重要通道；以老爷岭为核心的温带森林生态系统	10	34	2	9
祁连山国家公园	502.37	甘肃 青海	阻止腾格里、巴丹吉林、库姆塔格三大沙漠南侵，是中国西部重要生态屏障和水源地，河西走廊生命线；以雪豹为旗舰物种的珍稀濒危物种及栖息地	15	39	—	5
大熊猫国家公园	271.34	四川 甘肃 陕西	青藏高原边缘、亚热带季风气候分界区与青藏高寒气候分界线，中国重要生态安全屏障；70%以上的野生大熊猫种群及其栖息地，大熊猫世界自然遗产地的核心地；生物多样性丰富，同域分布有金丝猴、林麝、金钱豹、红豆杉、珙桐等8000多种野生动植物	22	94	4	31
三江源国家公园	1231.00	青海	青藏高原重要生态安全屏障；长江、黄河、澜沧江的发源地，中华水塔；藏羚羊、野牦牛、雪豹、黑颈鹤等高原生物富集区	10	15	—	—
海南热带雨林国家公园	44.01	海南	中国分布最集中、保存最完好的岛屿型热带雨林生态系统；海南长臂猿的唯一分布区，海南苏铁等珍稀濒危特有动植物富集	8	67	5	34

（续）

名称	面积（万公顷）	涉及省份	重要保护价值与核心资源	保护物种（种） 野生动物 I级	野生动物 II级	野生植物 I级	野生植物 II级
武夷山国家公园	10.01	福建	"华东屋脊"，典型的中亚热带原生性森林生态系统；以"碧水丹山"为特色的丹霞地貌景观；黄腹角雉、黑麂、金斑喙凤蝶等珍稀濒危物种富集，区内挂墩和大竹岚是著名的"生物模式标本产地"	9	56	5	19
神农架国家公园	11.84	湖北	"华中屋脊"，北半球最具代表性的常绿落叶阔叶混交林生态系统；世界温带植物区系的核心发源地；全球温带植物区系的杰出代表	8	76	5	20
	6.02	云南	三江并流世界自然遗产地哈巴雪山片区的核心区域，包含了金沙江流域典型的高原黄壤平地，高山喀斯特等独特地貌特征；完整的古冰川遗迹，封闭型森林-湖泊-沼泽-草甸复合生态系统	4	16	1	6
	2.52	浙江	华东地区重要生态屏障，原真性的亚热带低海拔常绿阔叶林生态系统，独特的江南古陆强烈上升山地及山河相间的地形地貌景观	4	46	1	21
	6.36	湖南	原生性的中亚热带低海拔常绿阔叶林生态系统，中南地区最大的中山泥炭藓沼泽湿地生态系统；资源冷杉等珍稀特有动植物资源	3	35	3	20

自2013年中国提出建立国家公园的构想以来，随着对生态文明建设重视程度的不断提升，以及相关政策的逐步出台和实施，以国家公园为主体的自然保护地体系的建设思路逐步确立起来。2015年，国家公园试点正式启动，标志着实践探索的开始，并伴随《生态文明体制改革总体方案》的印发，为改革提供了政策指导。2017年，《建立国家公园体制总体方案》的发布为中国国家公园的总体建设绘制清晰蓝图，确立国家公园体制建立的基本框架和方向。这一系列国家公园发展大事记（表1-5）体现出中国在生态文明建设领域的不懈努力与坚定决心。

表1-5　中国国家公园发展大事记

年份（年）	大事记
2013	中共十八届三中全会审议通过的《中共中央关于全面深化改革若干重大问题的决定》，提出建立国家公园构想
2015	国家公园正式开始试点，首批设立10个国家公园体制试点单位 中共中央、国务院印发的《生态文明体制改革总体方案》
2017	中共中央办公厅、国务院印发《建立国家公园体制总体方案》，为中国国家公园体制的建立提供了根本蓝图
2019	中共中央办公厅、国务院印发《关于建立以国家公园为主体的自然保护地体系的指导意见》
2020	十九届五中全会审议通过《中共中央关于制定国民经济和社会发展第十四个五年规划和二〇三五年远景目标的建议》

2018年，第十三届全国人民代表大会通过国务院机构改革方案，将原有国家林业局的职责，农业部的草原监督管理职责，以及国土资源部、住房和城乡建设部、水利部、农业部、国家海洋局等部门的自然保护区、风景名胜区、自然遗产、地质公园等职责整合，组建国家林业和草原局，由自然资源部管理。自此中国各类保护地有了统一管理机构，解决了长期存在的自然保护地多头管理的局面。

2019年6月，中共中央办公厅、国务院办公厅印发《关于建立以国家公园为主体的自然保护地体系的指导意见》（下称《指导意见》）明确了中国自然保护地建设的总体目标就是"建成中国特色的以国家公园为主体的自然保护地体系，推动各类自然保护地科学设置，建立自然生态系统保护的新体制新机制新模式，建设健康稳定高效的自然生态系统，为维护国家生态安全和实现经济社会可持续发展筑牢基石，为建设富强民主文明和谐美丽的社会主义现代化强国奠定生态根基。"

《指导意见》将自然保护地的类型按照生态价值和保护强度高低划分为3个类别：国家公园、自然保护区、自然公园。国家公园以保护具有国家代表性的自然生态系统为核心，其景观独特性突出、自然遗产价值最为精华、生物多样性丰富度极高，且承载着国民最高程度的认同与归属感。自然保护区主要目的在于保护珍稀濒危野生动植物种群数量及其栖息环境。自然公园则具备生态、观赏、文化和科学价值，可持续利用的区域，包括森林公园、海洋公园、湿地公园、沙漠公园、草原公园、地质公园等类别。最终形成了以国家公园为主体、自然保护区为基础、自然公园为补充的自然保护地分类体系，其中，国家公园的建设在这一体系中占据着至关重要的地位。在理顺自然保护地的管理体制之后，确立与之相适应的配套资金机制便成为一项极为紧迫且重要的任务。

资金保障是国家公园运行与功能实现的必要条件。作为自然保护地主体的国家公园除了从财政渠道获取资金外，还要从其他渠道获取资金，鼓励企业、社会团体、公众等不同主体参与到国家公园的建设中来，关注和支持国家公园的发展，以保证国家公园的可持续和高效发展。倘若国家公园面临资金缺乏的困境，后续工作的开展便步履维艰，国家公园的资金问题成为亟待解决的首要问题，也是国家公园制度成功与否的关键所在，因此建立可持续的资金筹集渠道与机制成为一项非常重要的课题。

第 2 章

国家公园资金保障的理论探讨

国家公园体制试点建设在中国虽然实行不久，但国内学术界对国家公园管理制度的研究可以追溯到20世纪80年代。在近40年的时间里，国内学者研究了国外国家公园管理体制、分析了中国现行风景区管理体制存在的问题、从不同角度探讨了中国国家公园管理体制建设的可行性与方向。目前在国内学术界形成了以唐芳林、王梦君、孙鸿雁（国家林业和草原局西南调查规划院）为核心的作者群，以张玉钧等（北京林业大学）为核心的作者群，以杨锐等（清华大学）为核心的作者群，以苏杨（国务院发展研究中心）为核心的作者群，以钟林生等（中国科学院地理科学与资源研究所）为核心的研究群（柴海燕等，2019），见表2-1。

表2-1 国家公园研究作者群

所属机构	作者
国家林业和草原局西南调查规划院	唐芳林、王梦君、孙鸿雁
北京林业大学	张玉钧
清华大学	杨锐
国务院发展研究中心	苏杨
中国科学院地理科学与资源研究所	钟林生

2.1 国内争鸣：中国国家公园资金保障的研究

在设立国家公园试点之前，众多学者就国家公园与自然保护地的关系进行了研究，刘成林（2008）着重研究了国家公园与自然保护地之间的区别与联系；黄宝荣等（2018）基于调研资料撰写提出了中国国家公园在体制建设方面取得的进展、存在的问题，并提出了对策建议。学者们对中国的风景名胜区、国家森林公园、国家湿地公园等保护地类型进行研究（赵智聪等，2016；薛达元和包浩生，1995；吴后建等，2015）；束晨阳（2016）讨论了各类自然保护地的发展方向以及未来定位。以上这些都为中国开展国家公园理论研究工作打下了坚实基础。

一些中国学者通过研究其他国家和地区的国家公园建设发展经验和问题，提出适合中国国情的意见与建议。杨锐（2001）研究美国国家公园体系的发展历程和经验教训；李如生（2005）将美国国家公园与中国风景名胜区进行了对比分析；庄优波（2014）和李然（2020）对德国的保护地体系特点进行详细描述；众多学者对英国的国家公园管理制度进行了细致研究（王应临等，2013；王江和许雅雯，2016；邓武功等，2019），就日本国家公园的入选特征、体制发展规划、建设发展、营运体制等方面提出了诸多见解（郑文娟和李想，2018；赵凌冰，2019；金荣，2020；杜文武等，2018）。中国台湾地区较早实行国家公园制度，刘馥瑶和陈朝圳（2016）对台湾地区国家管理体制的发展与趋势进行了研究。胡宏友（2001）对台湾地区国家公园景观区划和管理进行深入论证。张全洲和陈丹（2016）对台湾地区公园分区情况与标准分析后提出对大陆自然保护区的建议。陈丹和彭蓉（2019）以金门国家公园为例对环境教育体系进行分析，并总结其形成基础及作用。王祝根等（2017）探究了澳大利亚国家保护地规划历程。张海霞和汪宇明（2009）发现与美国黄石公园相比，中国的自然保护地资金来源过于依赖门票收入，存在门票涨幅大和公益性不足的问题。国家公园与生态保护、旅游、生态补偿之间的关系也是学者关注的热点。郑月宁等（2017）讨论国家公园生态系统的适应性共同管理模式；向宝惠和曾瑜晢（2017）以三江源国家公园为例探讨了生态旅游系统构建与运行机制；邱守明（2018）对国家公园生态旅游发展对农户收入影响进行了实证研究；李经龙等（2007）对中国国家公园的旅游发展进行了路径规划；张玉钧和薛冰洁（2018）对国家公园开展生态旅游和游憩活动的适宜性进行了探讨；林泽东（2020）发现大熊猫国家公园门户小镇旅游发展问题并提出建议；赵悦（2020）对国家公园体制建设中自然资源使用权管制与补偿问题进行了深入分析。

2.2　国际回顾：世界其他国家公园的实践总结

世界各国自然环境、管理目标、制度机制、土地权属、资金机制等不尽相同，因此发展出不同的国家公园发展模式，各种模式体现了不同国情之下国家公园治理的多重价值取向和战略侧重，并无高下之分（Barker and Stockdale，2008）。美国的国家公园奉行的是"自然中心主义"，公园内不能存有其他居民的活动，而这种孤岛式的保护也造成了自然界与人类社会的割裂（Cochrane，2006）。而另外一些发展中国家设立国家公园的目的不仅仅是因为保护环境和满足游憩需求，更重要的是推动当地经济的发展（Novelli and Scarth，2007）。

国外学者对保护地的资金研究主要集中在政府财政支出和多元化融资方式上（石健和黄颖利，2019），An 等（2018）对越南国家公园的资金管理机制研究发现，财政拨款在国家管理的国家公园资金来源中占据了51%，在省级管理的国家公园中占据了26%。Birgit 等（2009）研究发现国家公园的资金保障应该建立在以财政投入为主、其他收入为辅的资金机制之上。Machairas and Hovardas（2005）通过 Logistic 回归分析了游客对国家公园门票支付意愿的影响因素。Selby 等（2011）认为国家公园具有巨大的经济潜力，而通过特许经营的方式可以吸引到更多的企业参与国家公园建设。Mendes and Proenca（2011）对葡萄牙国家公园进行研究，通过截面数据模型对游客娱乐需求进行估计，算出国家公园日平均的娱乐净收益。Heagney 等（2015）论证了保护区推动当地开发商捐款数额的增加和店铺数量的上升会带来就业机会的增加，使国家公园为当地社区带来经济上的发展。Kubo 等（2018）以日本国家公园为例研究了信息的公开性对于捐赠人捐助行为的影响。

中国学者对世界其他国家和地区的国家公园也做了许多有益研究，探索保障国家公园运营的资金需求。陈英瑾（2011）研究了英国国家公园运营管理费用，约3/4的资金由国家财政拨付，剩下的1/4由地方政府出资。吕偲和雷光春（2014）研究表明芬兰国家公园设立的主要目的是保证芬兰的生物多样性，国家公园由林业与公园管理局统一管理，公共管理职能相关预算由政府拨款，除国会、中央政府、农林部外，还有环境部参与其经费预算筹备与协调等工作。马盟雨和李雄（2015）研究了日本国家公园的经营费用，主要源于国家拨款和地方政府的筹款，日本禁止公园管理部门制订经济创收计划。郭宇航分析了新西兰国家公园管理资金的来源，除了旅游收入，还来自国家财政、基金项目和国际合作等多方面，其中，国家财政拨款是其主要来源（郭宇航，2013）。德国《联邦自然保护法》规定，在不影响生态保护的前提下开放国家公园供公众使用（钟永德等，2019）。加拿大《国家公园法》对国家公园内特许经营和收费事项进行了详尽规定。南非国家公园原本由南非政府编列预算补助国家公园委员会，也有土地取得、研究、野生动物经营管理等经费（申世广和姚亦锋，2001），但目前，南非完全采取商业经营政策，通过国家公园的运营解决就业和取得资金收入，政府只在市场运营出现危机时才起调控作用（韩璐等，2015）。

2.3　融合创新：因地制宜的本土化构筑

联合国环境署发布的《2014 保护地球》认为保护地的经济效益总体上超过保护地的成本，缺乏可持续的资金保障对有效管理保护地产生了严重影响。包庆德等认为由于中国的自然保护地资金投入机制仍存在诸多问题，如资金总量不足，缺乏稳定的资金投入机制，资金投入和使用结构不合理，为了获得运行经费导致了过度利用自然资源（包庆德和夏承伯，2012）。据杨喆和吴健（2019）的测算，全国自然保护区要维持基本的管理，每年所需资金为 85.91 亿或 5844 元 / 平方千米，而保护区之间也存在资金配置不平衡的情况，一般来说地方级自然保护区经费保障程度较国家级自然保护区低。总体而言，中国自然保护区目前存在资金来源结构不合理、资金规模太小、支出结构不合理、缺乏周边社区补偿和收益共享机制等问题（沈兴兴等，2015）。

为解决国家公园和自然保护地的资金困境，学者们纷纷提出自己的见解。王晓霞和吴健（2017）认为自然保护区的资金应该包括整个系统的建立、维护和运营，此外还包括各项活动费用和补偿资金。具体可以将保护资金分为系统费用、管理费用和补偿性费用三大类和六个子类。而资金筹措渠道可以分为三类，包括各级政府和自然保护区主管部门的财政投资为主体的财政渠道、以各种形式社会捐赠为主体的社会渠道、以自然保护区内资源为基础开展创收为主体的市场渠道（钱者东等，2016）。田世政和杨桂华（2011）提出实施国家公园特许经营制度，并加大财政投入力度，分步实施，使自然遗产逐步回归公益。孙琨等（2017）则认为国家公园可采取按需分类融资模式，并采取政府与市场双轮驱动、保护与发展融合统筹等融资途径。除了传统的筹资渠道外，经济合作与发展组织在2013年提出国家公园资金筹集还可以在以下六个方面进行创新：①环境财政改革；②生态系统服务付费；③生物多样性补偿（抵消）；④绿色产品市场；⑤利用气候变化资金对生物多样性投资；⑥通过国际发展援助对生物多样性投资。通过立法明确自然保护地的资金来源、使用程序、绩效评价以确保保护目的的达成是一条必经途径（费宝仓，2003）。鼓励非政府组织的参与，建立自然保护地基金也是可行的措施。综上所述，自然保护资金主要分为系统费用、管理性资金、补偿性资金三大类。其中自然保护资金的细分子类对应的资金来源说明，见表2-2。

国内正在探索国家公园建设和管理制度，正在探寻国家公园多元化资金渠道和管理方式。尽管国外尤其是发达国家有很丰富的国家公园管理经验，但要建立适合中国国情、符合美丽中国战略、适应市场需求的国家公园管理体制和多元化资金保障机制，国内研究并不多，还需要更深入地研究。基于上述分析将深入国外国家公园管理和深入调查国内保护地管理现状和困难，构建中国情境下的国家公园多元化资金保障机制。

表2-2　自然保护资金分类及其对应政府资金来源（王晓霞等，2017）

大类	自然保护资金子类及用途	资金来源说明
系统费用	（1）各级政府保护管理机构的行政支出含部门运行支出，规划、预算编制，选址、评估、监测活动支出等	（1）由各级政府分别负责本级支出
管理性资金	（2）人员工资	（2）和（3）由保护区管理局所隶属的本级政府支出； （4）和（5）可以来自上级政府，即中央政府和省级政府的具体部门主管的专项资金，也可以来自地方政府财政或由非政府（如国际组织）资金提供
管理性资金	（3）公务费，包括水电费、办公室耗材、汽车养护费、油费、通信费、培训和参加会议费用、野外耗材、取暖费等	
管理性资金	（4）基本设施、设备费用，指管护活动所需的基础设施、设备，如管理局、管理站（点）、森林防火设施、野生动植物保护设施、湿地保护设施等	
管理性资金	（5）保护项目，以保护和发展项目为主，如宣教、监测、科研、生计替代、社区共管、生物多样性保护、濒危物种保护等	
补偿性资金	（6）生态效益补偿金，包括森林生态效益补偿、湿地生态效益补偿等	（6）主要来自上级政府，如中央政府和省级政府的专项补偿资金

第3章

国内外自然保护地资金筹措的实践与启示

3.1 国际视角：国外自然保护地资金筹措的经验借鉴

3.1.1 典型国家国家公园资金筹措与管理模式剖析

国际上国家公园的资金渠道主要包括财政资金、社会投入、市场收益。很多国家拥有丰富的国家公园管理经验，并且已经颁布了相关法律法规，以确保国家公园资金的可持续管理和利用，从而推动国家公园的长期发展。由于各个国家的经济情况、制度法规、社会风俗、人口结构等存在差异，国家公园发展模式也不尽相同（朱里莹等，2016），形成了以美国为代表的中央集权模式、以澳大利亚为代表的地方自治模式和以日本为代表的混合管理模式（柴海燕等，2019），不同国家的国家公园资金来源差别显著（杨锐，2003）。通过分析主要发达国家与生态景观资源丰富的发展中国家国家公园的管理实践，可提炼出多样化的成功经验。这些宝贵经验为中国国家公园的资金筹措与收入拓展提供了重要启示，助力我们探索创新策略，实现国家公园的可持续发展与繁荣。

3.1.1.1 公益引领与制度创新：美国国家公园资金筹措与管理架构解析

美国的国家公园坚持公益属性（张利明，2018）。美国的国家公园实行三级垂直管理，最高行政机构为内务部下属的国家公园管理局，下设7个地区局，每个国家公园设公园管理局（张海霞和汪宇明，2010），这能够更好地将资金用于资源的保护上，对国家公园的环境和资源的保护监测等放在第一位，且其定位为非营利性单位，管理体系较为完备，实施程度较高（周永振，2009）。

美国国家公园的资金来源多元化，主要包括项目拨款、建设项目资金、门票收入、基本基金、私人捐赠以及特殊项目酬金等。在收费政策上，国家公园主要采取低收费原则。此外，管理部门还通过收取特许经营费，允许企业在公园内开展经营活动，以此增加收入。同时，出售狩猎权和纪念品也是国家公园获取管理建设资金的一种方式。另外，社会捐赠也作为补充收入来源，对国家公园的管理建设起到了积极作用。美国国家公园体系的正常运转与其有效的资金机制密切相关（王正早等，2019），2008年其资金为28.72亿美元，而到2017年已经提高到了35.51亿美元。其来源主要有三个方面：财政拨款、经营收入、社会捐赠。在财政拨款方面，2017年财政拨款占据整体资金总额的比例为83%，2019年占比下降到75.47%，但财政资金投入绝对额并未下降。在经营收入方面，实现了快速增长，由2008年的3.16亿元增加到2017年的5.27亿元（吴健等，2018），来自社会捐赠资金增速超过财政投入资金增速，因此造成了财政投入占比下降的现象。在社会捐赠方面，2017年社会捐赠的比例较低，只占据了2%，但2019年这一比例迅速攀升到11.18%。

经营收入最主要有两部分，第一大收入来源是公园门票，第二大收入是特许经营费用。公园门票的80%由公园自行留用，主要用于设施维护和访客服务项目，另外20%分配给其他不收费的国家公园，由这些公园进行竞争性分配。国家公园管理局通过出售公园年票，以更大的额度吸引消费者进行购买，以增加国家公园的收入。

特许经营制度为美国国家公园的经营收入增长奠定了基石，是市场主体和市场资金参与美国国家公园事业的主要渠道。2018年，共有105个国家公园单位开展特许经营，共签订了450份特许经营合同（赵智聪等，2020）。门票和社会捐赠是国家公园资金机制的重要补充，虽然所占份额不高，但是可以作为调控景区人数和提高社会公众环保意识的手段（徐杨洁，2013）。美国国家公园的社会捐赠资金主要由国家层面设立的国家公园基金会负责筹集和管理，美国国家公园基金会由国会特批成立，内政部部长担任基金会主席，国家公园管理局局长担任财务主管，董事会来自各行各业（王博等，2020）。2019年基金会收入7816万美元，有力支持了国家公园的发展（Foundation，2020）。美国国家公园管理局在本国和全球范围内招募国内志愿者（Volunteers-In-Parks Program，VIP）和国际志愿者（International Volunteers-In-Parks Program，IVIP），来完成管理局员工所无法完成的道路维修、垃圾清理、植被修复、动物保护等大量工作（王辉等，2016）。此外通过与民间团体建立伙伴关系，这些民间团体可以为国家公园募集一部分私人资金，并提供志愿服务支持（李想等，2019）。每个国家公园都有一个非营利性质的"合作协会"，协会主要在公园访客中心内负责销售环境教育材料，在对公众进行环境教育的同时还把所得的利润捐给国家公园管理局。

美国黄石国家公园是美国最古老的国家公园，其资金机制一定程度上是整个美国国家公园的缩影。如图3-1所示，上游间歇泉盆地独特的地热景观——蒸腾的泥浆池和色彩斑斓的藻类沉积，正是公园最具标志性的自然资源，这些珍稀地貌的保护与维护高度依赖公园的资金管理体系。黄石国家公园的资金主要包括基本资金、特许经营费用、项目拨款、私人捐赠和建设项目等，基本资金来自政府财政拨款；特许经营费用主要是将园区具有经济效益的一些项目授予其他企业收取费用；项目拨款是针对特别项目的资金，主要是针对特别进行的项目而进行的拨款；私人捐赠是个人向黄石国家公园捐赠的资金；建设项目资金也同样是由财政拨款构成，此外还有黄石公园合作协会和黄石公园基金会的相关捐赠，为黄石国家公园提供部分支持（张宏亮，2010）。

图3-1　黄石国家公园上游间歇泉盆地典型地热景观示例[①]

① 美国国家公园管理局官方网站 https://www.nps.gov/media/photo/gallery-item.htm?pg=5178616&id=DD512C04-1DD8-B71B-0B1B16702230B35F&gid=E0988E3B-1DD8-B71B-0BC2FDACF6E2B024

3.1.1.2　地方自治与多元共治：德国国家公园资金运作与管理模式探索

德国的现有国家公园16个，总面积21.4万公顷，占总国土面积的0.6%（李然，2020）。德国国家公园在保护的前提下还承担了开拓探索以及教学研究等工作，德国保护地体系的构成以及德国国家公园的名称、成立时间等基本情况见表3-1和表3-2。

表3-1　德国保护地体系的构成（李然，2020）

保护地类型	法律基础《联邦自然保护法》	数量（个）	国土陆地面积（公顷）	占德国国土面积（%）	数据截止日期（年.月）
自然保护地	第23条	8816	1402802	3.9	2016.12
国家公园	第24条	16	214558	0.6	2019.02
国家自然纪念物	第24条第4款	4	6629	1.9	2019.06
生物圈保护区	第25条	17	1328230	3.7	2019.02
风景保护地	第26条	8818	10180000	28.4	2016.12
自然公园	第27条	105	10100000	284	2018.02
自然文物	第28条	—	—	—	—
被保护的风景组分	第29条	—	—	—	—
被法律保护的群落生境	第30条	6种	—	—	2019.06
动植物栖息地	第32、33条	4554	3325448	9.3	2017.11
鸟类保护地	第32、33条	742	4026803	11.3	2017.10

表3-2　德国国家公园基本情况

国家公园名称	所处区域	面积（平方千米）	建立年份（年）
石勒苏益格-荷尔斯泰因瓦登海国家公园	石勒苏益格-荷尔斯泰因	4410	1985
汉堡北海浅滩国家公园	汉堡	137.5	1990
下萨克森北海浅滩国家公园	下萨克森州	345.8	1986
亚斯蒙德国家公园	梅克伦堡-前波美拉尼亚	30	1990
西波美拉尼亚潟湖地区国家公园	梅克伦堡-前波美拉尼亚	805	1990
米利茨国家公园	梅克伦堡-前波美拉尼亚	322	1990
下奥得河河谷国家公园	勃兰登堡州	105	1995
哈尔茨国家公园	下萨克森州、萨克森-安哈尔特州	247	2006
凯勒森林埃德湖国家公园	黑森州	57.4	2004

（续）

国家公园名称	所处区域	面积（平方千米）	建立年份（年）
海尼希国家公园	图林根州	75	2011
艾弗尔国家公园	北莱茵－威斯特法伦州	107	2004
洪斯吕克乔木林国家公园	莱茵兰－普法尔茨州、萨尔州	约100	2015
萨克森小瑞士国家公园	萨克森州	93.5	1990
巴伐利亚森林国家公园	巴伐利亚州	242	1970
贝希特斯加登国家公园	巴伐利亚州	210	1978
黑森林国家公园	巴登－符腾堡州	100.6	2014

德国国家公园管理模式不同于其他国家，属于地方自治性，联邦政府负责宏观法律法规、政策的制定，而州政府主要负责具体的执行工作，拥有最高的管理权。国家公园管理机构分为三级：一级机构为州立环境部；二级机构为地区国家公园管理办事处；三级机构为县国家公园管理办公室（庄优波，2014）。德国对国家公园的管理制度非常完备，基本能够得到有效的实施。虽然德国国家公园实行地方自治的形式，但是和联邦政府的合作是十分紧密的。

由于是属地管理，保护国家公园内的自然遗产责任主体在各州的州政府，因而德国国家公园的资金大部分来自州政府的拨款，德国联邦政府不向任何国家公园提供财政支持。由于国家公园公益性的属性，德国对国家公园的保护十分严格，在不影响生态的前提下适度的发展旅游业，但不收取门票，其管理保护的资金主要来自州政府财政拨款、公园自营收入和社会捐赠三个方面，大部分资金来自财政拨款（丰婷，2011）。德国联邦环境基金会也会定期向德国国家公园拨款，进行基础设施的建设、研究项目的开展，欧盟的"环境与气候行动""欧洲联系"等项目也会与国家公园进行合作，社会捐赠额度通常占据年度预算的1%～2%（图3-2）。

除了直接的资金来源，德国国家公园通过设立"志愿生态年"的形式，吸引有志从事于环境保护工作的刚毕业的年轻人加入其中担任国家公园的志愿者，这既使年轻人积累工作经验，也降低了国家公园运营成本。

图3-2　凯勒森林埃德湖国家公园工作人员在测量树的直径[①]

而非政府组织——欧洲公园联盟德国分部对于国家公园的保护工作也贡献良多，他们的高技术人才负责园区的审查、评定、规划以及人员培训等事务，还和联邦政府紧密合作、积极研讨，进而提出报告，帮助政策、法律法规的制定等（谢屹等，2008）。

国家公园常被视为所在州农村地区的重要经济引擎，州政府通过财政支持推动其发展，相关投资回报率可达2～6倍。然而，德国国家公园遵循"荒野优先"原则，要求最大限度维持自然过程的自主演替。这一严格保护理念与公园区域内居民的传统生产活动（如林业、农业）产生直接冲突。自德国首个国家公园建立以来，此类矛盾长期存在，且多数国家公园至今仍普遍面临当地居民的抵触情绪。

凯勒森林埃德湖国家公园的资金主要来源渠道为黑森州政府，此外还包括社会渠道和市场渠道。黑森州政府的财政拨款主要用于工作人员工资及办公费用的支出。凯勒森林埃德湖国家公园通过特许经营制度，收取国

---

① 凯勒森林埃德湖国家公园2016—2017年报。

家公园商标使用费，还通过出售狩猎所获猎物和森林木材获得收益。凯勒森林埃德湖国家公园还积极吸纳社会公众的小额资金，社会公众通过护林员、邮寄等方式直接捐赠给国家公园，大额资金则需要通过协会中转，通过赠予和资源获取的资金通常用于开展公众教育活动。获取境内外组织机构援助也是一种重要方式，凯勒森林埃德湖国家公园的信息中心在建设过程中就吸纳了欧盟的120万欧元、德国环境协会的100万欧元，这些占据了项目建设资金需求的35.8%。

3.1.1.3 中央地方协同与公众参与：日本国家公园资金筹措与管理机制创新

日本的国家公园采取的是中央和地方共同管理的综合性管理体制，中央制定法律法规和管理规划，依照园区的等级不同，中央和地方政府参与程度不同，而代表着日本核心自然风景资源的国立公园由环境省进行具体的管理指导（赵人镜等，2018）。日本国立公园分布情况见表3-3，其资金来源主要来自日本环境省和地方各级政府的财政资金，同时也有来自地方财团、公园营业收入的资金（丰婷，2011）。日本国家公园内的基础设施由政府投资建设，食宿、娱乐等配套服务采用特许经营的方式授权给私营企业经营，公园管理机构对其进行监督并收取特许经营费（丰婷，2011）。日本一直沿用"受益者负担的原则"，谁从国家公园的开发中受益，则谁就需要根据获益程度承担相应费用（杜文武等，2018）。因此，日本地方政府也是国家公园的出资主体。

表3-3　日本国立公园分布情况

区域	名称	面积（平方千米）	区域	名称	面积（平方千米）
北海道	利尻礼文佐吕别	245.12	中部	中部山岳	1743.23
	知床	389.54		白山	499.00
	阿寒摩周	914.13		伊势志摩	555.44
	钏路湿原	287.88	近畿	吉野熊野	614.06
	日高山十胜	2456.68		山阴海岸	90.06
	大雪原	2267.64	中国·四国	小山隐岐	350.97
	支笏洞爷	994.73		足摺宇和海	113.45

（续）

区域	名称	面积（平方千米）	区域	名称	面积（平方千米）
东北	十和田八幡平	855.34	九州·冲绳	西海	246.46
	三陆复兴	285.39		云仙天草	283.55
	磐梯朝日	1863.75		阿苏九重	730.17
关东	日光	1149.08		雾岛锦江湾	366.05
	尾濑	372.22		屋久岛	245.66
	秩父多摩甲斐	1262.59		奄美群岛	421.96
	小笠原	6629.00		山原	173.52
	富士箱根伊豆	1217.55		庆良间诸岛	35.20
	南阿尔卑斯	357.52		西表石垣	406.58
中部	上信越高原	1510.53	跨区域	濑户内海	672.80
	妙高户隐连山	397.72			

　　除了直接的资金投入，日本国家公园还通过多种制度设计来减少资金的使用，包括：①自然保护官，属于国家公务员，职责包括公园行为的准入监督、公园规划开发、公园的日常维护、通过各种措施加强社会参与、对公园自然生态的保护等；②自然保护官助理，主要负责国家公园的一些野外工作以及自然公园指导员的联系；③公园志愿者，主要由地方环境部门招募，协助开展国家公园的环境清洁、设施维护等活动；④自然公园指导员，公园指导员无报酬，任期2年，主要负责园区内的环境卫生、动植物保护、事故预防等。志愿者经过自然保护事务所所长、都道府县知事和国立公园协会会长联合推荐，接受自然环境局局长委托才能上岗；⑤公园管理组织，指的是具有一定能力的一般社团法人或非营利组织。

　　自然公园基金会是其中的代表性组织，开展的项目包括：公园设施的维护和管理、自然环境保护管理业务、自然公园信息提供业务、宣传保护自然环境的思想、自然环境保护与自然互动研究。日本国家公园相关制度设计见表3-4。这些制度的建立减少国家公园资金使用，同时通过民间团体和市民来一起参与国家公园的管理，培育社会大众对于生态环境的保护意识，在社会意识上保证了国家公园资源环境的永续利用（蒋新和廖玉玲，2016）。

表3-4　日本国家公园相关制度设计

制度设计	职责
自然保护官	国家公务员，职责包括公园行为的准入监督、公园规划开发、公园的日常维护、通过各种措施加强社会参与、对公园自然生态的保护
自然保护官助理	负责国家公园的一些野外工作以及自然公园指导员的联系
公园志愿者	由地方环境部门招募，协助开展国家公园的环境清洁、设施维护等活动
自然公园指导员	公园指导员无报酬，任期2年，主要负责园区内的环境卫生、动植物保护、事故预防等。志愿者经过自然保护事务所所长、都道府县知事和国立公园协会会长联合推荐，接受自然环境局局长委托才能上岗
公园管理组织	具有一定能力的一般社团法人或非营利组织，协助管理建设国家公园

3.1.1.4　历史传承与现代化管理：加拿大国家公园资金体系与管理架构的演进

加拿大的国家公园制度始于1885年，当时成立了第一个国家公园——班夫国家公园，至今已经有一百多年的历史了。加拿大于1911年成立了全球第一个国家公园管理局。1930年加拿大议会通过了第一步《国家公园法》。对公园的保护行为进行了规范，截至2020年年底，加拿大一共设立了40个国家公园，分布在10个省和3个地区，见表3-5。加拿大的国家公园都属于国家所有，由联邦政府进行经营管理。此外，加拿大国家公园管理局隶属于加拿大文化遗产部，负责环境和国家公园的部长每两年都要向国会报告公园规划完成情况、资源保护情况、公众服务情况等内容（张颖，2018）。

表3-5　加拿大国家公园基本情况

公园名称	所在地区	面积（平方千米）	建立年份（年）
奥拉维克国家公园	西北地区	12200	1992
奥尤特克国家公园	努纳武特	21471	2001
班夫国家公园	艾伯塔	6641	1885
布鲁斯半岛国家公园	安大略	154	1987
布雷顿角高地国家公园	新斯科舍	949	1936
麋鹿岛国家公园	艾伯塔	194	1913
福里永国家公园	魁北克	244	1970
芬迪国家公园	新不伦瑞克	206	1948

（续）

公园名称	所在地区	面积（平方千米）	建立年份（年）
乔治亚湾岛国家公园	安大略	13	1929
冰川国家公园	不列颠哥伦比亚	1349	1886
草原国家公园	萨斯喀彻温	907	1981
格罗斯莫恩国家公园	纽芬兰和拉布拉多	1805	1973
伊瓦维克国家公园	育空	10168	1984
贾斯珀国家公园	艾伯塔	10878	1907
克吉姆库吉克国家公园	新斯科舍	404	1968
库特尼国家公园	不列颠哥伦比亚	1406	1920
古什布格瓦克国家公园	新不伦瑞克	239	1969
莫里斯国家公园	魁北克	536	1970
勒维斯托克山国家公园	不列颠哥伦比亚	260	1914
皮利角国家公园	安大略	15	1918
阿尔伯特王子国家公园	萨斯喀彻温	3874	1927
爱德华王子岛国家公园	爱德华王子岛	22	1937
普卡斯克瓦国家公园	安大略	1878	1978
考苏伊图克国家公园	努纳武特	11000	2015
古丁尼柏国家公园	努纳武特	37775	2001
雷丁山国家公园	马尼托巴	2973	1933
红河国家城市公园	安大略	· 79	2015
谢米里克国家公园	努纳武特	22200	2001
千岛群岛国家公园	安大略	9	1904
特拉诺华国家公园	纽芬兰和拉布拉多	400	1957
通戈山国家公园	纽芬兰和拉布拉多	9600	2005
图克图特诺革特国家公园	西北地区	16340	1996
乌库什沙里克国家公园	努纳武特	20500	2003
乌恩图特国家公园	育空	4345	1995
瓦布斯克国家公园	马尼托巴	11475	1996
沃特顿湖国家公园	艾伯塔	505	1895
森林野牛国家公园	艾伯塔 西北地区	44807	1922
幽鹤国家公园	不列颠哥伦比亚	1313	1886
克鲁瓦尼国家公园	育空	22013	1972

加拿大国家公园拥有两年期的滚动预算体制，有利于推动公共资金的投入和允许超前开支（苏杨等，2017）。由于早期国家公园完全由政府下拨资金集中统一管理，而过程中出现资金利用不合理的情况，后来通过了政府的改革，有效解决了原有的问题，加拿大国家公园管理局根据当年的工作计划和多年的业务规划来安排年度预算。对于国家公园经营获得的收入，国家公园可全额保留（Agency，2018）。资金来源由政府拨款的单一渠道转变为多种渠道来源，主要包括联邦政府拨款、州政府拨款、国内游客门票收入、国外旅游收入（钟永德，2019）。1996年加拿大的资金投入是1.82亿加元（刘鸿雁，2001），到2019年已经达到了14.45亿加元，年复合增长率达到9.43%。总体来看，加拿大国家公园的资金以财政投入为主，1999—2005年财政拨款占国家公园财政预算的75%（Craigie et al.，2015），而到最近几年比例上升到80%左右，而市场渠道占比约为12%，社会渠道占比约为6%，具体见表3-6。加拿大因为内部经营设施较多，有更多的市场渠道收入，总体自由权较大，与美国的财政保障制度具有一定相似性（苏杨等，2017）。

表3-6　2014—2019年加拿大国家公园资金来源情况[①]

单位：亿加拿大元

年份	资金总额	财政渠道	占比（%）	市场渠道	占比（%）	社会渠道	占比（%）
2014	6.97	5.56	79.88	1.18	16.91	0.22	3.21
2015	7.09	5.78	81.56	1.01	14.21	0.30	4.23
2016	10.04	8.32	82.84	1.39	13.88	0.33	3.28
2017	12.19	10.32	84.70	1.45	11.86	0.42	3.44
2018	13.82	11.81	85.50	1.01	7.30	1.00	7.21
2019	14.45	11.81	81.75	1.71	11.86	0.92	6.39

3.1.1.5　自然保护先驱与资金创新：新西兰国家公园管理的多元化资金驱动策略

新西兰是世界上最早成立自然保护区的国家之一。新西兰国家公园管理是基于其国家层面、保护性绿色管理基础之上的（杨桂华等，2007），

---

① 数据来源：根据加拿大国家公园管理局所发布年度报告整理。

现在其保护区面积已经占据陆地面积的1/3，国土总面积的20.7%，形成了以国家公园为核心，其他类型为补充的自然保护地系统。图3-3显示了新西兰对自然保护地进行保护的系统措施。

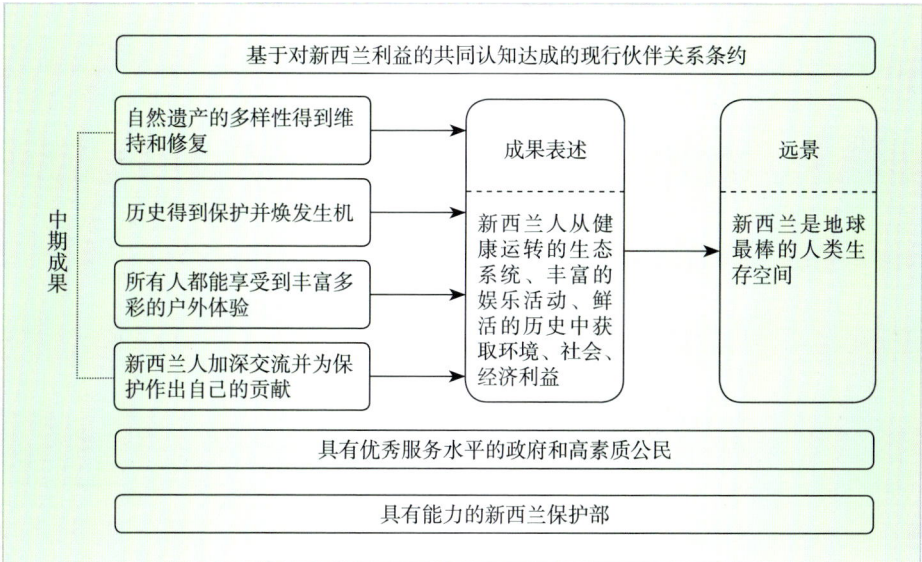

图3-3　新西兰自然保护地成果模型

新西兰国家公园的资金筹措策略其核心在于将财政拨款、专项基金以及国际项目合作三者有机融合，共同支撑起国家公园的可持续发展。

新西兰国家公园的资金模式主要采取政府财政支出、基金项目和国际项目合作结合的资金支持模式（钟永德等，2019），展现出高度的多元化与前瞻性。自1894年起，新西兰已逐步建立了十多个国家公园，彰显了对自然保护事业的长期承诺与坚定实践，见表3-7。作为发达国家，新西兰的财政实力为国家公园提供了极为充裕的资金支持，其单位面积投入规模更是中国同类投入的约60倍。鉴于新西兰民众普遍享有较高收入水平与深厚的环保意识，该国创新性地设立了"国家森林遗产基金"等基金，巧妙地利用基金平台激发了社会各界对国家公园保护的热情与参与，有效促进了公众捐助的汇聚，进一步巩固了国家公园的资金保障体系（钟永德等，2019）。

表3-7 新西兰国家公园基本情况

中文名称	英文名称	面积（平方千米）	成立年份（年）
亚伯塔斯曼国家公园	Abel Tasman National Park	225	1942
奥拉基/库克山国家公园	Aoraki/Mount Cook National Park	707	1953
亚瑟通道国家公园	Arthur's Pass National Park	1143	1929
艾格蒙特国家公园	Egmont National Park	335	1900
峡湾国家公园	Fiordland National Park	12500	1952
卡胡朗伊国家公园	Kahurangi National Park	4520	1996
阿斯佩林山国家公园	Mount Aspiring National Park	3555	1964
尼尔森湖国家公园	Nelson Lakes National Park	1020	1956
帕帕罗瓦国家公园	Paparoa National Park	306	1987
拉奇欧拉国家公园	Rakiura National Park	1570	2002
尤瑞瓦拉国家公园	Te Urewera National Park	2127	1954
汤加里罗国家公园	Tongariro National Park	765.4	1894
西部泰普提尼国家公园	Westland Tai Poutini National Park	1175	1960
旺格努伊国家公园	Whanganui National Park	742	1986

新西兰国家公园的资金总额是在不断增加的。从1999年的1.56亿新西兰元增长到2023年的6.64亿新西兰元，年均复合增长率6.3%，而财政渠道、社会渠道、市场渠道的资金来源也都处于增长态势。财政渠道在1999年到2016年所占比例大约为88%，从2017开始，有略微下降趋势，而这并不是因为政府投入资金的下降，主要是由于来源市场渠道资金升高所致。来自市场渠道的资金总体维持在8%～10%，而社会渠道资金具有不稳定性，处于整体处于震荡上升趋势，由1999年的1.48%上升到3.65%。总体而言，新西兰国家公园资金总额保持年均6.3%的增长，财政渠道、社会渠道、市场渠道保持在88%、3%、9%的比例增长。

新西兰国家公园的特点主要集中在其出众的生态保护管理体制和机制、先进的绿色管理理念、独特的生态资金支持和特许经营模式（郭宇航和包庆德，2013）。例如新西兰的峡湾公园，因其冰川运动所形成的独特地貌而为人所知，而其具有的生态系统具有较高保护价值的同时具有相当的脆弱性，公园的内部设施只在整个园区的1%范围内，保持了纯净的面貌。整个国家公园分为 5 个管理区域，根据具体情况确定交通工具、游客人数、使用频率、特许经营方式等内容。虽然范围不大，但是特许经营项目多种多样，充分满足游客需求，包括钓鱼、狩猎、骑行、骑马、皮划艇、直升机，同时还提供帐篷、睡袋等服务设施（马有明等，2008）。

3.1.1.6　挑战与应对：南非保护地管理体系下的多元化资金机制

南非的保护地体系包括特殊自然保护区、国家公园、自然保护区、保护地环境区、世界遗产地、海洋保护区、特别保护森林区、高山盆地区等（刘红纯，2015），而其中核心的 19 个国家公园都由南非国家公园管理局（SANParks）进行管理，统一的管理避免了多头管理的弊端。南非国家公园基本情况见表 3-8，其国家公园标志见图 3-4。南非的国家公园成立较早，1926 年，国会通过《国家公园法案》后，克鲁格国家公园作为南非第一个国家公园正式成立（Venter et al.，2008）。

表 3-8　南非国家公园基本情况

中文名称	英文名称	面积（平方千米）	成立年份（年）
阿多大象国家公园	Addo Elephant National Park	1377	1931
厄加勒斯国家公园	Agulhas National Park	201	1998
艾-艾斯·理查德斯维德跨境国家公园	|Ai-|Ais/Richtersveld Transfrontier Park	1702	2003
奥赫拉比斯瀑布国家公园	Augrabies Falls National Park	482	1966
邦特博克国家公园	Bontebok National Park	34	1931
肯迪布国家公园	Camdeboo National Park	186	2005
花园大道国家公园	Garden Route National Park	1257	2009
金门高地国家公园	Golden Gate Highlands National Park	330	1963
卡鲁国家公园	Karoo National Park	836	1979
卡拉哈里大羚羊国家公园	Kalahari Gemsbok National Park	9589	2000
克鲁格国家公园	Kruger National Park	19169	1926
马蓬古布韦国家公园	Mapungubwe National Park	152	1995
马拉克勒国家公园	Marakele National Park	586	1994
莫卡拉国家公园	Mokala National Park	260	2007
山斑马国家公园	Mountain Zebra National Park	204	1937
纳马夸国家公园	Namaqua National Park	1368	1999

（续）

中文名称	英文名称	面积（平方千米）	成立年份（年）
桌山国家公园	Table Mountain National Park	225	1998
塔卡瓦·卡鲁国家公园	Tankwa Karoo National Park	1422	1986
西海岸国家公园	West Coast National Park	366	1985
猫鼬国家公园	Meetkat National Park	134955	2020

图3-4 南非国家公园标志[①]

与其他经济较为发达的西方国家有显著差别，南非形成了以市场化运作为主、财政投入为辅的国家公园资金机制。而这主要受制于南非近些年来的经济发展水平，同时在发展理念上也较其他发达国家落后得多（钟永德，2019）。南非财政投入比例在2006年至2015年基本维持在30%以上，高的年份甚至达到57%，自2016年开始，这一比例已经低于25%，呈下降趋势。通过市场渠道筹集的资金则呈逐年上升趋势，由2003年的3.17亿南非兰特上升到2019年的22.75亿南非兰特，年复合增长率高达13%。

在市场渠道上，南非国家公园管理局主要通过旅游、零售、特许经营、动植物产品出售、利息获取收益。其中旅游业占据了其中的主要份额，南非国家公园管理局宣称其为南非最大的酒店运营者之一。南非国家公园管理局出售的国家公园年票通卡受到了游客的欢迎，持卡前往任意国家公园都可以享有一定的折扣。

南非国家公园管理局从社会渠道获取的资金不多，同时稳定性不足。2003年获得1738.8万南非兰特捐赠收入，但是次年仅有157.4万南非兰特，2012年更是只有50.2万南非兰特，虽然近年来渐渐增多，但是依旧有高低

---

① 南非国家公园官网 https://www.sanparks.org/

之差，资金获取方式较为单一，而且占据资金投入比例的总额极低，平均不到1%。南非通过设立保护信托基金来对保护地资金进行管理和筹集工作，常见的保护信托基金包括捐赠资金、偿债基金、循环基金，主要面对的是高净值人士、捐助机构和非政府组织的一次性大笔捐赠。

南非保护地管理机构获取的资金非常有限，有研究表明南非国家生物多样性框架所需的资金缺口为34亿南非兰特，缺口比例高达47%。而资金更为宽裕的国家公园管理局也面临着相似问题，至今无法解决偷猎犀牛的问题。实现收益最大化在确保财政可持续和履行保护职责之间依然存在严重矛盾，虽然出台了各种措施，但是依然无法在二者之间保持平衡（天恒可持续发展研究所等，2019）。

3.1.2 国际经验的深刻启示

从上述几个国家的国家公园的经验可以看出，国际上各国对国家公园的保护都有不同的方式，而国家公园资金来源渠道主要分为三部分：国家财政拨款、门票收入和特许经营、社会捐赠。有代表性国家的国家公园资金来源及比例见表3-9。这些国家的国家公园资金保障机制，尤其是多元化的资金来源措施及经验，为促进中国的国家公园更好的保护发展提供了重要借鉴。

表3-9 典型国家的国家公园资金来源及其比例状况

国家	资金来源	年份（年）	收入总额	财政渠道	比例（%）	市场渠道	比例（%）	社会渠道	比例（%）	货币单位
美国[1]	联邦政府拨款、门票及其他收入、特许经营收入、社会捐赠	2023	47.25	32.47	68.72	12.61	26.68	2.17	4.59	亿美元
加拿大[2]	国家财政拨款、特许经营收入、其他收入	2023	14.20	12.54	88.31	1.53	10.77	0.13	0.92	亿加拿大元
新西兰[3]	政府拨款、个人和企业赞助、国家间项目、旅游收入	2023	7.20	5.30	73.60	1.10	15.30	0.80	11.10	亿新西兰元
南非[4]	政府拨款、旅游、商业化运营	2023	42.00	17.60	42.00	20.20	48.00	4.20	10.00	亿南非兰特

[1]《NATIONAL PARK SERVICE FISCAL YEAR 2020 BUDGET JUSTIFICATIONS》美国国家公园管理局。
[2]《Parks Canada Financial Statements 2018–2019》加拿大国家公园管理局。
[3]《ANNUAL REPORT FOR THE YEAR ENDED 30 JUNE 2019》新西兰保护部。
[4]《Annual Report 2018/19》南非国家公园管理局。

3.1.2.1 坚持公益性导向，强化财政支持

从国外发展建设国家公园的经验看来，要取得良好的建设效果必须坚持"公益第一"的原则（邢一明等，2020）。稳定的资金来源才能保障国家公园的公益性，而公益性不只体现在门票的设置上，更体现在对于国家公园自然生态保护对生态环境的提升成果上（徐瑾等，2017）。国家公园是一种倾向于纯公共品的混合物品，政府提供国家公园所需的运营和维护资金责无旁贷。主要发达国家资金来源都是以财政拨款为主，财政拨款通常占到70%～80%的收入比例，因国家管理体制的不同，或有中央与地方财政拨款多寡的差异，但很明显地可以看出，财政已经承担起绝大多数国家公园自然保护的资金责任。

3.1.2.2 坚持资金多元化，开源节流

尽管不同地区国家公园体制不同，但多数地区国家公园资金机制都将从市场渠道和社会渠道获取的资金包含在内，形成以财政拨款为主体，以特许经营和门票收入为代表的市场渠道和以社会组织捐赠为代表的社会渠道为辅的国家公园资金保障体系（钟永德等，2019）。国家公园不同于进行严格保护的自然保护区，强调保护的同时，也要强调开放，欢迎个人和社会组织参与到国家公园的建设与资源利用上，形成良好的公众参与制度，在不破坏自然生态环境的前提下进行开放，公民可以享受到独一无二的自然资源（林泽东，2020）。国家公园也可以吸引到市场和社会资金对国家公园进行管理建设，个人还可以通过志愿活动等方式加入其中，降低国家公园的运营成本，对形成统一、规范、高效的国家公园资金保障机制具有重要作用，最终形成国家公园的良性发展。

3.1.2.3 生态保护优先，适度开发经营

在考虑资金来源模式时，除了财政投入的支持外，还应该结合自然资源产权结构、地方经济社会发展、少数民族传统文化、风俗习惯等因素，将生态系统脆弱性、敏感性、生态系统服务功能的重要性等考虑在范围内，在不损害自然生态系统的前提下允许开展市场化经营（赵智聪，

2020）。中国的国家公园的分布较广，自然地理的生态条件迥异，经济发展水平也不相同，在严格保护的前提下，旅游价值高的国家公园可以适当地开展市场化经营，切实处理好生态环境保护和旅游发展之间的关系，二者达到相对平衡，实现人地关系和谐和可持续发展（马勇和李丽霞，2017）。

3.2　国内实践：自然保护地资金筹措与管理的现状审视

3.2.1　国家公园资金筹措与管理实践

目前，中国建立了 10 个国家公园试点，这 10 个国家公园的管理体制有所不同，主要存在三种管理模式，分别为中央垂直管理、中央和地方政府共管、地方政府管理三种管理类型（邓毅和毛焱，2018）。前两者涉及多个省区，东北虎豹国家公园的范围涉及吉林和黑龙江两个省份，大熊猫国家公园涉及四川、甘肃、陕西三个省份，祁连山国家公园涉及甘肃和青海两个省份，其他国家公园全部位于一个省份，具体见表3-10。

表3-10　国家公园试点单位管理模式

管理模式	具体操作	代表公园
中央垂直管理	由国家林业和草原局长春专员办挂东北虎豹国家公园管理局的牌子	东北虎豹国家公园
中央和地方共管	由国家林业和草原局地方专员办与省级管理机构分别挂牌共同管理	祁连山国家公园、大熊猫国家公园
地方管理	由省级政府垂直管理或者省政府直管委托县（市）政府管理	三江源国家公园、海南热带雨林国家公园、神农架国家公园、钱江源国家公园、武夷山国家公园、南山国家公园、普达措国家公园

3.2.1.1　管理瓶颈与挑战

中国国家公园的管理制度为统一分区分级的管理体系，不同类型的保护地的分区方式不同，同一种保护地可能也存在多个分区体系。部门的交叉管理无疑加大了管理的难度，造成了管理的低效。

（1）法律法规不健全。现阶段对于中国的国家森林建设保护管理方面还没有健全的法律法规，容易在建设中被钻空子，破坏国家公园有序的建设，国家公园也不能得到最大最完善的保护。现在最重要的就是加大对国家公园的保护，需要有一套科学合理的制度对其进行建设管理，增加资金来源的渠道，更加合理的资金分配，全方位的建设国家公园（汪劲，2020）。

（2）资金不足。中国国家公园的资金来源有多个渠道，但是资金的渠道都不是稳定的，资金的数量也不是固定的，财政拨款主要来自各级政府，经营收入也不稳定，所以不能满足中国国家公园的投资建设保护等，其中还包括人员的工资以及日常开销等。

（3）资金使用不合理。目前中国的资金主要用于旅游和一些国家公园的基础设施建设，而在国家公园的保护方面投入较少，忽视了保护管理的建设投入。

（4）公园过度开发。一些国家保护地为了获取更多的运行经费，过度的开发资源，并没有对各类资源进行保护。目前中国公园的管理很多受到利益的驱动，缺少科学性合理性，更导致了中国的国家公园大多数的管理水平较低，更多考虑的是怎样获得更多的资金，更有一些保护区为了获取利益损害了生态保护和公共服务功能，一些资源得不到保护。

（5）尚未形成多元化资金投入机制。一方面，中央财政尚未形成稳定持续的投入机制。另一方面，民间资本和社会公益资金有较强的介入意愿，但由于相应的机制尚未建立，也缺乏相关法律保障，地方政府不能也不敢贸然探索社会投入和保护机制。

3.2.1.2 资金来源构成与特点

试点的国家公园的管理费用以及运营资金等都以财政投入为主，包括中央和地方政府的投资，国家以相关专项资金的形式投入国家公园建设中来，但中央财政和地方财政的投入也因为试点国家公园的管理体制不同而有很大差异，具体见表3-11。

表3-11　2017—2019年国家公园试点单位资金投入情况

单位：亿元

国家公园试点单位	2017年				2018年				2019年					面积（平方千米）	单位面积投入（万元）
	中央基建	中央财政	中央其他投入	地方财政	中央基建	中央财政	中央其他投入	地方财政	中央基建	中央财政	中央其他投入	地方财政	总金额		
东北虎豹国家公园	2.32	10.2	0.14	0.69	2.77	10.8	0.11	0.72	2.61	11.09	0.15	0.38	41.98	14612	28730
大熊猫国家公园	1.35	8.35	2.86	1.05	0.97	7.53	2.6	0.94	0.7	6.42	13.5	0.56	46.83	27134	17259
祁连山国家公园	0.27	1.57	0.06	0.37	1.13	1.87	0.31	0.7	0.97	1.66	0.08	1.13	10.12	52000	1946
三江源国家公园	2.4	0	6.28	3.71	2.66	0	6.71	5.34	2	0.47	4.87	5.84	40.28	123100	3272
海南热带雨林国家公园	0	0	0	0	0	0	0	0	0.21	1.25	0	6.55	8.01	4400	18205
神农架国家公园	0.61	0.17	0.11	0.54	0.6	0.32	0.09	1	0.61	0.36	0.49	0.82	5.72	1170	48889
钱江源国家公园	0.22	0.003	0	0.2	0.35	0.0006	0	1.24	0	0.0004	0	1.28	3.294	252	130714
武夷山国家公园	0.6	0.12	0.03	0.38	0.6	0.18	0.02	0.52	0.2	0.17	0	0.57	3.39	983	34486
南山国家公园	0.62	0.13	0	0.2	0.41	0.16	0	2.83	0.21	0.14	0	2.77	7.47	636	117453
普达措国家公园	0.4	0.14	0.01	0	0.4	0.14	0.01	0	0	0.14	0.01	0.08	1.33	300	44333

数据来源：国家林业和草原局经济发展研究中心协同各个国家公园提供。

（1）不同的管理模式对中央财政资金投入有一定影响。海南热带雨林国家公园、神农架国家公园、武夷山国家公园、普达措国家公园、钱江源国家公园、南山国家公园的中央财政投入显著低于其他中央直管或者中央和地方共管的国家公园。例如，钱江源国家公园在2019年获得中央财政、基建及其他投入共计4万元，而大熊猫国家公园则获得20.62亿元的中央拨款，两者资金规模相差逾5万倍。

（2）中央政府对国家公园的投入有限。国家公园的资金构成中，大部分源自地方政府的项目投入及配套资金，当前，资源维护的关键经费则主要依赖于公园争取到的林业专项拨款。值得注意的是，不同省份的国家公园所获得的地方财政拨款额度，由各自省份独立决定，这直接导致了拨款额度与各省经济状况的高度关联性，进而造成了跨省份国家公园间资金保障能力的显著不均衡。

从表3-10的数据中可以清晰观察到，尽管钱江源国家公园在面积上是最小的，但由于其地处中国东部沿海经济发达的浙江省，2017年至2019年间累计获得了高达2.72亿元的地方财政支持。相比之下，位于中国西南欠发达省份云南省的普达措国家公园，尽管面积稍大且同样接受地方管理，但同期内仅获得0.08亿元的地方财政拨款。在国家财政投入相近的条件下，这种差异使得两公园的单位面积投入产生了巨大鸿沟：钱江源国家公园达到13万元/平方千米，而普达措国家公园仅为4万元/平方千米。这种资金投入的显著差异，不仅直接影响了国家公园的社区发展水平、生态保护能力，还在旅游开发方面造成了显著的差异，体现了资金保障能力对国家公园综合发展的至关重要性。

（3）国家公园间发展条件与保护重点各异，如大熊猫与东北虎豹公园侧重动物保护，资金需求高。面积上，三江源辽阔无垠，覆盖了12万平方千米，钱江源则较小，仅有252平方千米，因此两者在资金投入上自然存在差异。人口密度亦影响资金筹集，东部公园因人口稠密、经济发达，资金较充裕；西部则相反，财政投入不足。旅游资源方面，普达措、武夷山因高经济价值更易市场化筹资，而钱江源、三江源则面临更大挑战。综上，各国家公园在资金保障上展现出显著差异。

3.2.2　面向未来的思考与启示

3.2.2.1　建立科学合理的管理模式

国家公园管理模式的不同决定了国家公园试点单位财务管理体制的不同特点。不同类型的国家公园自然、社会情况千差万别，在设计国家公园的管理模式、管理制度时应该充分考虑国家公园的保护类型、面积、人口密度、所在省区经济情况、旅游资源禀赋等各方面因素，形成适当的管理模式。

3.2.2.2　强化国家投入的主体作用

政府财政是自然国家公园的重要来源，也是国家公园必不可少的部分。国家公园体制建设试点方案明确提出"将试点区内全民所有的自然资源资产委托由已经明确的管理机构负责保护和运营管理"，也就是要求将自然资源产权管理职能和收益权由各部分分散行使集中到国家公园统一行使，以解决地方对自然资源资产的过度使用和破坏性使用问题。

自然资源资产有偿使用往往是地方重要的财政收入，例如普达措国家公园、武夷山国家公园的门票收入，武夷山国家公园内存在着许多种茶产业，而这也是地方重要的产业，但在保护过程中和地方政府是存在矛盾的，地方政府也会反过来阻碍产权的改革，因此一方面要加强国家财政对国家公园的投入减轻地方负担，另一方面通过中央财政转移支付对地方政府进行相应补偿，让国家公园管理机构和地方政府携手共同阻止对自然资源的破坏性开发。

政府财政的投入在不同国家差别较大，在西方发达国家，资金较为宽裕，投入国家公园的资金也较多，而一些发展中国家，尤其是经济落后的国家，对于国家公园的投入更加稀少。目前，中国对国家公园的投入日渐增加，国家公园还需要从各个部门争取合理的资金，以更好地实现自然保护的生态功能。

3.2.2.3　拓宽资金来源渠道，促进多元化发展

国家公园的资金可以经营收入、社会资助等为辅助方式，扩大收入来

源。经营收入是指以自然保护地一种或多种资源为基础开展的多种经营创收和相关的服务收费，例如特许经营，国家公园的门票收入就属于经营收入，用于国家公园的建设。社会资助，主要是国内外的资助，例如联合国的相关机构、自然保护国际组织、公益组织、企业和个人等对中国自然保护区的各项资助以及合作等。资金的来源也会有一些交易所得、金融的融资等形式。

3.3 前沿探索：自然保护地与基金会的协同探索

3.3.1 国内自然保护地与基金会合作案例

3.3.1.1 桃花源生态保护基金会与衢州市自然保护地的深度合作

桃花源生态保护基金会与衢州市进行项目合作，建设3个自然保护地。桃花源生态保护基金会是一家关注自然保护地的非营利环境保护机构，衢州作为钱江源头，目前共建有保护地27处，但其仍存在一些问题。经过前期的实地调研，筛选出3个保护地，探索"地役权改革、智能化管理、慈善信托"3种模式，基金会进行基金的筹集，与各个保护地进行合作共同管理，建立保护地管理团队、明晰界址、建立拓展区、平衡发展和生态保护需求等，并且基金会同时整合了政府、商业和社会公益资金，建立了生态产业慈善信托基金，帮助保护地以及周边地区的发展，实现发展与保护共赢。

第一，桃花源生态保护基金会在衢江区千里岗自然保护区的共同治理"智能化管理"模式。千里岗省级自然保护区面积约为12.76平方千米，并且在境内的管理方面较为薄弱，自然保护区内的保护物种的痕迹较少，并且难以捕捉等，针对一系列的问题提出了"规范化、精品化、数字化"的治理标准，根据此标准对自然保护区进行管理。也可以与阿里云等潜在机构进行合作，引进保护区的智能管理系统，建成国内第一个"智能化保护区"，将精细管护、精准巡护、破解高效长效管理的目标实现。依托千里岗自然保护区内的野生动植物资源，逐渐开展千里岗品牌提升，打造"大自然研修"的标杆地。

第二，桃花源生态保护基金会在江山市仙霞岭保护区外围的公益治理"地役权改革"模式。桃花源生态保护基金会筹集资金，在仙霞岭外围约70平方千米区域不断地毯式搜索，开展"以地管林"的集体林地地役权改革。桃花源生态保护基金会在项目实施过程中不断地实施建设，已成功组建自然保护地管理团队，明确了保护地界址，建立了扩展区，并有效平衡了社区发展与生态保护的需求等。并且也将启动地役权改革试点，在不改变土地权属的前提下，实现林地的统一管护，并且进行不断地探索，观察保护地内公益林、商品林、湿地等各种地块权益补偿机制，突破财政补偿机制不完备限制农林增收的问题。

第三，桃花源生态保护基金会在龙游县高坪桥水库水源保护区的社区治理"慈善信托"模式。龙游县高坪桥水库水源保护区面积约64.5平方千米，桃花源生态保护基金会进行资金的筹集，将政府、商业和社会公益资金进行整合，建立了生态产业慈善信托基金，主要用于扶持利于保护地及周边扩展区可持续发展的生态产业落地，向外界推广环境友好的生态产品，辐射带动周边农户参与，实现资金持续有效反哺保护地管理，将带动整个自然保护区的快速发展。在自然保护地的可开发的自然资源基础上，对已有资源进行充分的利用，可以引入桃花源理事单位共同发展中草药、林下经济等产业，将自然保护区打造成全国首个"亲水康养体验"地区。

3.3.1.2　中华环境保护基金会助力三江源国家公园发展

2020年6月1日，中华环境保护基金会与青海三江源国家公园管理局在西宁座谈交流，为了贯彻落实党的十九大确定的生态文明体制重大改革任务，推动国家公园的建设，双方签署了战略合作协议，将在各方面对三江源国家公园自然保护地进行投资、保护以及建设，加强社区共管公益保护地、生态环境宣传教育、国家公园特许经营制度研究与试点等方面的合作，从保护自然生态中获益进一步拓宽合作领域，细化工作机制，建立符合中国国情、具有三江源明显特征的三江源国家公园自然保护地，并且创造"会园合作"的新典范。三江源秉承着国家公园"国家所有、全民共享、世代传承"的建设目标的需要，在中华环境保护基金会与三江源国家公园管理局以及三江源生态保护基金会等单位合作开展"三江源国家公园解说示范项目"，不断地扩大国家公园的社会影响，逐步规范国家公园内部的自然体验和环境教育活动，引导社会积极参与，而且在促进资源全民共享等方面起到了促进作用。中华环境保护基金会与三江源国家公园在多个方面进行合作，包括生态环境宣传教育、公众参与类公益活动、生态环境保护项目、国家公园保护机制研究以及双方共同探索实践的公益项目活动等。在双方的合作过程中，双方各自履行职责的同时建立合作关系，三江源国家公园充分发挥组织协调、综合管理、项目实施等方面的优势，中华环境保护基金会筹集捐赠资金，积极发挥慈善组织的作用，开展生态环保公益项目活动并且促进公众积极参与，广泛调动社会资源，与三江源国家公园一起开展可持续保护创新实践，推动三江源国家公园的建设。

中华环境保护基金会一直在积极地支持青海生态的保护工作，通过编制三江源国家公园手绘地图、昂塞大峡谷宣传折页、广泛开展生态保护和科普宣传等活动让更多的人了解并且支持三江源国家公园的建设。并且联合一些企业和社会组织开展了一系列活动，例如举办了"环保嘉年华"宣传教育活动，广泛传播保护三江源理念；开展了"金太阳援助工程"，通过光伏发电系统，解决偏远贫困地区的用电用水问题，改善人民生产生活条件；资助"绿色江河"保护三江源，把现代文明送到三江源地区，并开展了生态调查等项目；积极推动支付宝蚂蚁森林在青海开展"蚂蚁森林"公益栽植项目；开展2020年嘉塘草原社区共建共管保护项目，保护三江源生物多样性；资助山水自然保护中心开展"中国国家公园特许经营制度体系研究和试点项目"，把三江源作为"观爱自然"活动的野外实践地。中华环境保护基金会与三江源国家公园形成长期稳定的战略合作长效机制，共同助力三江源国家公园建设。

3.3.1.3　世界自然基金会与东北虎豹国家公园的生态保护合作

早在 2006 年，世界自然基金会（World Wide Fund for Nature，WWF）就在中国开展了一系列保护东北虎的工作，其中包括自然保护区的建设、开展科研监测、推动政策建设以及促进加强执法、宣传教育等。2010 年，世界自然基金会提出了《中国野生东北虎保护规划建议》，并且划定了 10 个东北虎种群恢复的优先区域，提出了一系列具体的保护和恢复措施。2012 年，世界自然基金会正式启动了"野生东北虎定居单元示范项目"。2018 年，世界自然基金会和东北虎豹国家公园管理局签订了战略合作，开展一系列东北虎豹的保护工作，促进自然保护区建设、推动政策建设和促进加强执法等，开展形式多样的保护宣传工作，获得有力的社会支持，在推动东北虎豹种群及栖息地恢复、开展社区共建、推进国际合作交流等方面开展广泛合作。

3.3.2　合作带来的深远影响与启示

3.3.2.1　提升社会关注度，增强公众保护意识

基金会与国家公园进行合作使社会广泛关注中国的自然保护地，了解中国自然保护地的情况，通过各大基金会的平台开展国家公园的募捐活动，获取更多的资金，基金会与自然保护地能共同开展与生态保护相关的管理培训、科技开发和示范项目等活动，通过募集的资金支持和资助中国自然保护地的科学研究、科技开发和示范项目。社会各界也通过基金会的平台对国家公园的项目进行了解，更加信任项目的建设，且建设过程中基金会的平台可以及时地披露项目的进展，达到捐赠人对项目进行实时跟踪，也得到社会上良好的响应。同时，基金会积极地实施生态环保示范建设项目，起到了很好的示范作用，得到了社会的广泛关注，不仅提高了中国自然保护地的社会影响力，基金会的社会知名度和影响力也随之提升。

3.3.2.2　加速自然保护区建设步伐

基金会与自然保护地合作，共同推进生态环境保护，并且共建共享机

制，积极地发挥基金会的职能，积极地参与国家公园的建设，社会力量是可以在国家生态文明建设方面发挥巨大作用的，资助有发展前景的资源、环保工程，同时基金会也开展和促进中国自然保护地以及有关环境保护事业发展的国际交流与合作。在国家公园的内部管理建设上也起到了一定的作用，基金会参与到国家自然保护地的管理办法的制定工作中，与国家公园一起明确了一系列建设募捐的程序、使用以及管理等内容，为中国的国家公园的建设奠定了坚实的制度基础。基金会与国家政府进行合作，共同对自然保护地制定一套符合其自身、拥有其自身特点的建设方案，在此基础上对自然保护地的建设进行参与跟踪等。

3.3.2.3 强化宣传引导，形成良好社会氛围

基金会与中国的国家公园进行合作保护，对于双方来说都可以增加影响力，加大宣传的力度，使公众了解到基金会，同时也对国家公园目前的建设保护活动更加了解，对于双方来说都是宣传的机会，也使公众对生态保护更加关注。

第4章

构建中国国家公园
多元化资金保障机制

国家公园的资金来源根据筹集渠道的不同，可分为财政渠道、社会渠道和市场渠道，国家公园多元化资金保障机制能够拓展国家公园的资金来源，从而确保国家公园的稳健发展。除了直接获得财政资金外，国家公园还可吸纳企业、社会团体、个人的技术与人力资源参与到国家公园的管理中来，从而降低成本，在一定程度上缓解由于资金紧张所带来的问题，提高国有资源的经营效益，实现国家公园的管理目标。

4.1 体系建设：构建开源节流的多元化资金保障体系

综合前文的分析，国家公园的多元化资金的来源主要分为3种渠道：财政渠道、社会渠道和市场渠道，具体见表4-1。

表4-1 多元化资金保障体系

开源	财政渠道	中央政府财政拨款、地方政府财政拨款
	社会渠道	企业捐赠、非营利组织捐赠、个人捐赠、国际机构捐赠
	市场渠道	绿色金融、市场开发、生态补偿、投资收益
节流	资金节约	组织和个人志愿活动、其他组织的设备和技术投入、绿色保险

财政渠道是财政拨款，国家政府向其投入资金，主要包括中央政府财政拨款和地方政府财政拨款，是中国国家公园最基本的资金来源，是国家公园建设发展的基本保障；社会渠道是通过面向社会的宣传，企业以及个人进行捐助，主要包括企业捐赠、非营利组织捐赠、个人捐赠以及国际机构捐赠等，社会渠道是企业和个人为国家公园的建设捐助的一种方式，对中国的国家公园提供了很大的帮助；市场渠道是通过市场经营获得资金，主要包括绿色金融、市场开发、生态补偿、投资收益等，通过经营获得的资金投入国家公园的建设中。与此同时节流，主要通过志愿活动、设备和技术投入方面以及投入绿色保险来减少资金的流失。贯彻开源节流理念，构建多元化资金保障体系，整合财政、社会、市场资源，实现国家公园资金保障的全面升级与可持续发展。

4.2　财政支持：优化政府财政投入结构

　　财政拨款是国家公园资金来源最主要的方式，财政拨款是指各级人民政府对纳入预算管理的事业单位、社会团体等组织拨付的财政资金。国家公园的财政拨款主要分为中央政府财政拨款和地方政府财政拨款。无论是中国还是其他国家，财政渠道对于国家公园来说都是最重要的资金来源渠道。从全球国家公园的管理实践来看，绝大多数国家都是由中央直接承担财政事权。首先，国家公园的保护工作具有正外部性，从受益角度看来，地理位置坐落于某个省域内，但是其受益范围并非只集中在单一地理位置，更多地扩散到外部地区，如钱江源国家公园的生态保护同样对于临近的江西、安徽两省具有重要生态作用，武夷山国家公园的生态保护对位于国家公园另一侧的江西省的部分地区同样产生重要意义。其次，可能会产生保护工作做得越好的地方，其利益受损也越大，反过来对保护产生阻力，不利于保护工作长久稳定的发展。形成以国家财政投入为主体，地方财政为辅的投入结构是一种具有可行性方案。

4.2.1　中央财政专项拨款机制

　　中央政府财政拨款作为国家公园建设与管理的基石，其重要性不言而喻。该机制涵盖了中央基本建设支出、中央一般公共预算支出、中央其他投入三大板块，共同编织了国家公园资金保障的坚实网络。

　　中央基本建设支出分为中央本级支出、中央对地方转移支付两大类别，精准对接国家公园前期基础设施建设的迫切需求，如科研保护平台、交通网络、通信设施及综合配套服务等，为公园的长远发展奠定坚实基础。

　　中央一般公共预算支出包括中央本级支出、中央对地方的税收返还和转移支付。中央一般公共预算支出：在确保民生改善、经济社会发展、国家安全及政府机构正常运转的同时，也为国家公园管理机构提供了必要的运行经费，确保其职能的有效履行。

此外，中央财政拨款还展现了其灵活性与广度，无论是直接拨付国家公园的专项资金，还是通过转移支付间接助力地方在国家公园范围内的项目实施，如钱江源国家公园的"柴改气"项目，均彰显了其在资源配置中的战略导向作用。

4.2.2　地方财政配套与激励机制

在属地化管理框架下，地方财政成为国家公园建设不可或缺的辅助力量。各省份基于自身经济发展水平，对国家公园的支持力度各异，但都致力于构建中央与地方财政协同的保障机制。以钱江源国家公园为例，浙江省凭借其较强的财政实力，为国家公园提供了远超中央财政的配套资金，彰显了地方政府的积极态度与责任担当。

面对中西部地区国家公园面积广阔而地方财政相对紧张的现实，需要探索更加高效的财政激励机制。鼓励地方通过优化财政支出结构、创新融资模式等方式，提高资金使用效率，同时争取中央财政的更多支持与指导，形成中央与地方合力推动国家公园可持续发展的良好局面。

4.3　社会共筑：拓宽社会资金的参与渠道

如果只通过大幅增加公共支出来实现生态保护方面的各项目标，可能存在较大财政压力，因此需要通过社会渠道引导社会资金参与到国家公园建设中来。社会渠道包括企业捐赠、社会组织捐赠、个人捐赠、国际机构捐赠四种形式。

4.3.1　企业捐赠的多元化模式

中国对于公益性捐款以及非营利组织免税都是有相关规定的。法律法规针对企业发生捐赠行为会有应纳所得税的扣除项，同时个人和个体工商户发生捐赠行为时，相应激励也体现在个人所得税上。对于捐赠工程的行为，也有相关的支持和优惠。公益捐赠与非营利组织财税优惠相关规定见表4-2。

2017年中国慈善捐赠总额达到1525.70亿元，其中企业捐款为979.98亿元，占比64.23%，企业捐赠是中国慈善捐赠的主要力量，见表4-3。目前占国内生产总值的比例还处于较低水平，而美国的慈善捐赠占到了2%以上的比例，这与美国的慈善传统、宗教文化、完备开放且易操作的慈善捐赠税收法律体系密切相关。

表4-2　公益捐赠与非营利组织财税优惠相关规定

法律	条目	内容
企业所得税法（2018年修正）	第九条	企业发生的公益性捐赠支出，在年度利润总额12%以内的部分，准予在计算应纳税所得额时扣除；超过年度利润总额12%的部分，准予结转以后三年内在计算应纳税所得额时扣除
公益事业捐赠	第二十四条	公司和其他企业依照本法的规定捐赠财产用于公益事业，依照法律、行政法规的规定享受企业所得税方面的优惠
	第二十五条	自然人和个体工商户依照本法的规定捐赠财产用于公益事业，依照法律、行政法规的规定享受个人所得税方面的优惠
	第二十六条	境外向公益性社会团体和公益性非营利的事业单位捐赠的用于公益事业的物资，依照法律、行政法规的规定减征或者免征进口关税和进口环节的增值税
	第二十七条	对于捐赠的工程项目，当地人民政府应当给予支持和优惠
个人所得税法	第六条	个人将其所得对教育、扶贫、济困等公益慈善事业进行捐赠，捐赠额未超过纳税人申报的应纳税所得额百分之三十的部分，可以从其应纳税所得额中扣除；国务院规定对公益慈善事业捐赠实行全额税前扣除的，从其规定

表4-3　2011—2020年中国慈善捐赠总体情况[①]

年度	社会捐赠总额（亿元）	企业捐赠（亿元）	百分比（%）	个人捐赠（亿元）	百分比（%）
2011	845.00	485.71	57.48	267.32	31.60
2012	889.00	574.29	64.60	259.58	29.21
2013	953.87	664.18	69.63	175.70	18.42
2014	1058.00	732.67	69.25	117.33	11.09
2015	1215.00	859.01	70.70	185.53	15.27
2016	1458.00	950.62	65.20	319.3	21.09
2017	1525.70	979.98	64.23	355.18	23.28
2018	1270.00	748.03	58.90	299.72	23.60
2019	1379.74	851.30	61.70	364.25	26.40
2020	1534.00	1083.92	70.66	385.49	25.13

---

① 资料来源：《中国慈善发展报告(2013,2014,2015,2016,2017,2018,2019)》。

从捐赠流向看，企业额的大部分捐赠流向教育助学、医疗健康、扶贫发展，而流向文化生态的资金较少，在2015年为5.14%，2016年为4.22%，2017年为6.91%，具体见图4-1。在2018年，中国上市的3556家上市企业中超过73%的上市企业进行了捐赠，虽然中国上市公司履行社会责任的情况有了较大提升，但是与国际水平相比，总体参与度偏低。除了由于中国尚处于发展中国家经济较为落后的原因，也与社会公众生态环保意识、中国对企业捐赠激励机制有直接联系。

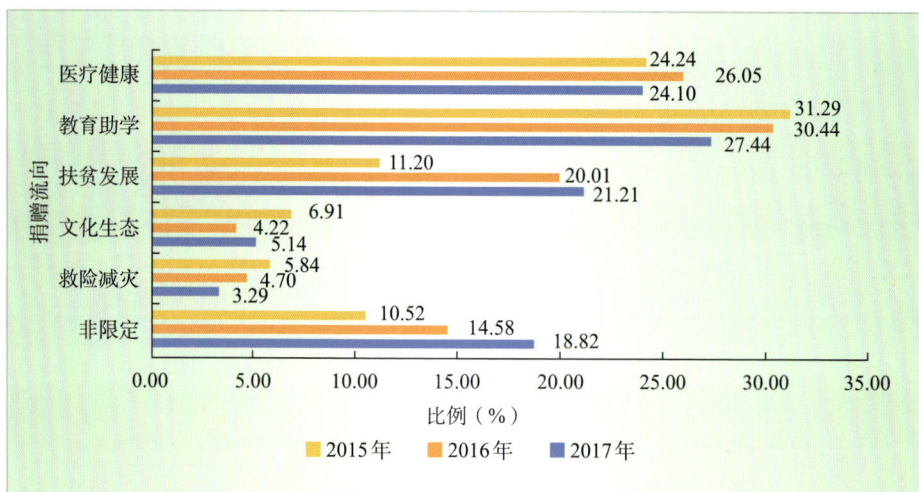

图4-1　2015—2017年慈善捐赠流向情况

企业公益捐赠的方式主要包括直接捐赠、借助公益组织进行捐赠、企业公益项目等形式。

4.3.1.1　直接捐赠与公益组织桥梁

（1）采用直接捐赠的方式。直接捐赠是指企业直接将自身资源交给受捐者，由其对资源进行分配的过程。中国的国有企业与民营企业偏向于直接捐赠。其有很明显的优点，企业能将资源不经过任何中间环节捐赠给所需受捐者，避免了过多的社会事务影响到企业的正常经营。许多小型的民营公司因为规模较小、人力不充足、缺乏相关专业人才，直接捐赠往往成为其首选捐赠方式。国有企业有企业社会责任的要求，同时为了避免不必要的麻烦，捐助对象的可靠性也是一个成为其很重要的标准，通常也会选择这一方式进行捐赠。随着国家公园知名度、能见度的提高，以及捐赠渠道的畅通，企业可通过与国家公园进行合作，直接向国家公园提供企业自身资源。

（2）借助公益组织进行捐赠。部分大型企业通过成立自己的基金会，由一个专门的团队负责管理捐赠业务。基金会设立的条件严苛，管理严格，但是拥有更大公益活动自主决策权，资源更加稳定、丰富。相比于其他方式，企业需要设立专门的机构、配备专业的人员来进行管理，企业的具体公益行为更加被员工所熟知、接受，会将其作为企业的正常运作来看待。企业通过成立基金会来实施捐赠的方式也会更加持久而稳定。对企业来说贡献的资源较多，产生更大的压力。这类企业一般规模较大，实力较强，每年用于公益的资金较多，而业务范围也较为广泛，通常为非公募基金。例如，百度在 2011 年经批准北京百度公益基金会（以下简称百度基金会），百度每年都会根据基金会下一年度预算情况向百度基金会进行捐赠，2018 年百度时代网络技术（北京）有限公司捐赠了 5400 万元到基金会中。在 2018 年度百度基金会一共开展了 9 项公益项目，内容涵盖了科学研究、扶贫、生态环境等领域。在生态环境领域，小度农庄项目是由百度地图、百度公益、阿拉善 SEE 生态协会、任小米联合发起的绿色出行倡导活动。该项目通过动员广大网友与公益组织一起参与节水小米的种植，旨在减少地下水使用，从而应对并缓解土地荒漠化的危机。该项目在本年度共计支出约 430 万元，也是其中支出较大的项目，倘若企业实力不够雄厚，也无法支撑这种大型项目的投入。此外像阿里巴巴、腾讯、美团等公司也都成立了自己的公益基金会，为公益环保助力。

此外，一些其他企业或者外企不具备成立基金会的条件或者没有成立基金会的欲望，这些企业会将资金捐赠给其他公益组织，通过他们专业化的队伍实施捐赠行为。这些企业通过这些专业的基金会、社会组织、协会进行捐赠，一方面可以借助他们在领域的专业性，更好地完成捐赠行为、达到捐赠目的，但同时失去了和受赠者直接沟通的机会。例如，像中国第一汽车集团公司（以下简称一汽）没有自身的基金会，而主要采用捐赠给第三方机构的形式，通过将资金捐给特定基金会、非营利组织、非政府组织，借助这些组织进行公益行为的落实工作。2018年，一汽奔腾与阿拉善SEE基金会签署协议，共同致力于阿拉善地区荒漠化防治工作，中国生态系统修复，并探索制备修复结合市场机制碳汇交易的碳汇林项目。2016年，一汽大众与中华环境保护基金会和中国扶贫基金会合作，开展"迈向生态文明、向环保先锋致敬"环保资助计划，致力于支持、引导社会组织与个人参与环境保护活动，截至2019年年底，已为60个环保方案提供超过1500万元资助，有力支持了环保行动的开展与环保意识的提升。2019年，一汽丰田投入95万元设立"一汽丰田雪豹守护基金"，将其捐赠给中国绿化基金会，通过该基金会来实行雪豹栖息地的保护。

不管是通过成立基金会的方式还是借助其他公益组织的方式，都可以扩大企业知名度及社会影响力，在国家生态文明建设的背景下，企业进行对国家公园的赞助，可以突出企业形象。而国家公园也要充分借助企业的社会责任落实过程，与企业达成合作，借助企业资金、与公众交流的渠道等，更好地向社会宣导理念，更重要的是对这些区域的生态进行恢复、保护。

4.3.1.2　企业公益项目创新实践

目前，国内部分企业已率先组建起专业化的公益团队，全面覆盖公益项目的自主开发、高效执行、科学评估与精细管理，这一系列流程由企业内部职能部门紧密协作完成。这些企业不仅通过义演、义卖等公益活动筹集资金，如举行环保公益晚会、劝捐宴请、公益销售与拍卖活动，还积极拥抱数字时代，利用互联网发起生态公益众筹，如支付宝软件中的蚂蚁森林、蚂蚁庄园等众筹公益活动。更进一步，企业公益项目创新实践延伸至深层次的生态文明理念传播领域。通过网络、图书、杂志等多元化媒介，以及开展各项公益活动，将自然保护的重要性与紧迫性传递给社会各界，有效扩大了自然保护区的影响力，显著提升公众的自然保护意识及参与热情。通过这一系列公益项目创新实践，企业不仅将筹集到的资金精准投入自然保护区的建设与管理中，更在全社会范围内构建起一个倡导生态文明、共筑绿色未来的良好氛围。

4.3.2　社会组织捐赠的全方位支持

社会组织又称非营利组织、慈善组织，在中国是指各类民间性组织，由三个主体组成：基金会、社会团体、社会服务机构（民办非企业单位）。近些年来，中国的社会组织增长速度飞快，2010年时有社会组织44.56万个，到2019年，社会组织达到了86.73万个。其中基金会成长速度最高从2010年的2200个增加到了2019年的7585个，翻了超过3倍，社会服务机构和社会团体增长速度也非常快，具体如图4-2所示。社会组织快速增加的同时，各类社会组织捐赠款项也增加迅速。各类社会组织的捐赠款从2010年的417亿元增长到了2015年的610.3亿元，年复合增长达到8%。

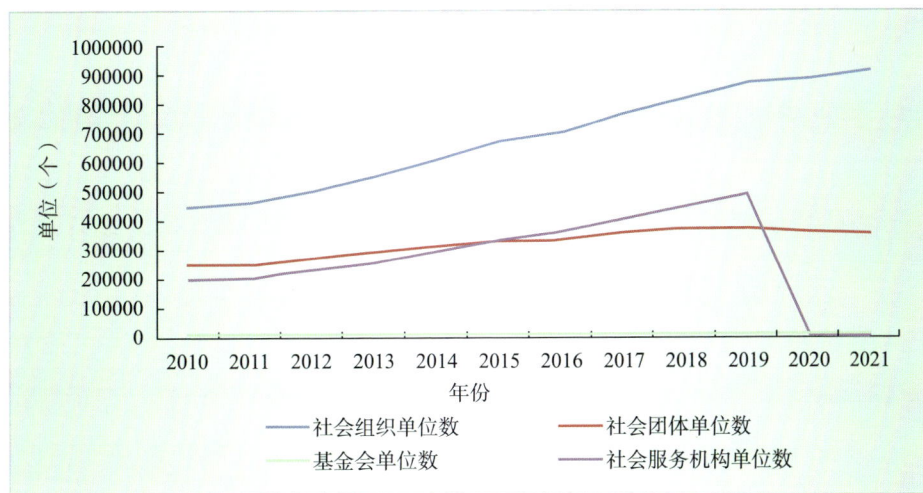

图4-2　2010—2021年中国社会组织单位数

4.3.2.1　基金会的专业力量

基金会是指利用自然人、法人或者其他组织捐赠的财产，以从事公益事业为目的《基金会管理条例》的规定成立的非营利性法人。基金会分为面向公众募捐的基金会（以下简称公募基金会）和不得面向公众募捐的基金会（以下简称非公募基金会）。公募基金会按照募捐的地域范围，分为全国性公募基金会和地方性公募基金会。代表性的基金会如下：

（1）中华环境保护基金会。该基金会成立于1993年，是中国首家经民政部等级注册成立的从事环境保护公益事业的全国性公募基金会。中华环境保护基金会吸收各界资金，为生态环境领域项目、组织提供支持。2019年收到捐赠收入共计9267万元，并将这些资金投到生态环保项目、组织中。

（2）阿拉善基金会。该基金会成立于2018年，由阿拉善SEE生态协会所发起，希望借助企业家资源为公益组织和项目持续输血，以使其获得长期而稳定来源的非公募基金会。2019年该基金会共获得的捐赠收入1653.1万元，本年度共开展了两项活动，其一，"精准扶贫"帮扶计划，通过帮助农户购买种畜母羊增加家庭收入；其二，节水助农公益项目，通过与阿拉善地区沙漠节水农民专业合作社进行合作，鼓励和支持当地农户种植沙漠节水小米，从而减少地下水资源的消耗，减缓和改善沙漠化的问题。

基金会成立要求较高，运作专业，基金会捐赠款项中很多都是限定性捐款，通常以项目为依托进行资金的投入，国家公园通过项目设计运作以吸引基金会的资金投入就显得极为重要。

4.3.2.2 社会团体的广泛参与

社会团体是指中国公民自愿组成，为实现会员共同意愿，按照其章程开展活动的非营利性社会组织。由国务院的登记管理机构负责登记管理的为全国性社会团体，由所在地人民政府的登记管理机关负责登记管理的为地方性的社会团体。2019年，中国社会团体超过37万个，分支机构遍布城乡各地，全国性的社会团体共1983个。代表性的组织包括官方的中华慈善总会、中国红十字会、宋庆龄基金会、中华环保联合会等。

中华环保联合会成立于2005年，其工作领域主要集中在四个方面：一是为政府提供环境决策建议；二是为公众和社会提供环境法律权益的维护；三是为社会提供公共环境信息和环境宣传教育活动；四是促进中国环保NGO组织健康发展并确立其应有的国际地位。中华环保联合会是具有官方性质的社会团体，有中石油、海尔、京东方等大型企业单位255家，个人会员1万多人，还有包括中国科学院、清华大学、中国工程院学者在内的一批法律、环境、经济专家。中华环保联合会具有强大的资金筹集能力和资源优势，这也都是国家公园所需要的，通过与之合作获取相关资金支持、资源助力。

4.3.2.3　社会服务机构的服务热情

社会服务机构指的是企业事业单位、社会团体和其他社会力量以及公民个人利用非国有资产举办的，从事非营利性社会服务活动的社会组织。2019年年底，中国的社会服务机构已达到48.71万家，增长十分迅速。

自然之友成立于1993年，是中国最早的民间环保组织，拥有超过2万多人的会员，主要领域聚焦在环境教育、家庭节能、生态社区、法律维权以及政策倡导等。2010年成立了北京市朝阳区自然之友环境研究所，在性质上属于社会服务机构，并开展了一系列环保活动。2019年自然之友和行政部门、执法机构、研究者与其他社会组织等各方合力的推动下，"史上最严格的填海禁令"颁布，自然之友携手富士音乐节的"零垃圾之旅"幕后团队共同策划和执行中国首个零废弃音乐节——天漠音乐节，北京市朝阳区自然之友环境研究所诉江苏大吉发电有限公司环境民事公益诉讼案迎来二审，一审焚烧厂被判赔500余万元。自然之友资金来源主要有个人捐赠、拍卖活动、平台众筹。根据自然之友2018年年报显示，自然之友资金来源包括个人直接捐赠36万元、拍卖活动19万元、平台众筹41万元。虽然具有民间性质的自然之友筹款金额并不高，但是其会员拥有较高的环保意识与热情，同时相对于官方性质的其他机构更具有创新性。这也是社会服务机构所具有的普遍的特点，国家公园通过与之合作，使用较少的资金，吸引更多社会关注，获取更多的资金。

总之，社会组织捐赠资金规模还在持续增加，增速超过民政部门筹资的规模和速度，与国外相比，中国的占比还较低，未来，中国社会组织捐赠款项还处于上升期，国家公园需要采取适当的措施吸引社会组织资金的流入。

4.3.3 个人捐赠的涓涓细流

个人捐赠是指自然人直接通过将所掌握的资源捐给受捐人的方式。根据实际操作可将其方式分为高净值人群捐赠和普通民众捐赠两种方式。个人捐款是民众对国家公园支持、对生态环境保护支持的一种最为直接的体现。

4.3.3.1 高净值人群的社会责任

根据福布斯慈善榜显示，2020年，前一百名中国大陆上榜慈善家总捐赠额为179亿元。综合多年来看，慈善家总捐赠额处于震荡上升趋势，近三年处于下降趋势，如图4-3所示。

图4-3　2011—2021年福布斯中国慈善百强榜

慈善捐赠领域目前依然主要集中在教育、医疗、扶贫领域。高净值人群主要通过电视获取公益资讯，门户网站、专业公益类网站并列第二，微信位居第三，此外还有通过报纸、杂志、朋友推荐、线下活动、微博、户外媒体、BBS、书籍、私人顾问等渠道获取相关资讯的。由于互联网公益的便捷性、高效性、公开透明、参与门槛低、较强的社交属性等原因，大部分的高净值人群愿意选择互联网进行公益活动，平台的可靠性也被高净值人群所接受，腾讯公益、蚂蚁金服公益、淘宝公益是最为高净值客户所知的互联网募捐平台。高净值人群不仅将资金带入公益领域，还带来商业运作技能，像市场营销策略、科学技术、金融管理等，而这也将国家公园资金筹集推向一个更有效的运作层次。

4.3.3.2　普通民众的爱心汇聚

传统渠道主要就是民众通过银行转账、汇兑等方式向生态环保组织进行捐赠，在互联网时代，公众可以通过更便利的方式直接向公园捐款。在西方发达国家，经济较为发达，人均受教育水平较高，民众有较高的环保素养，因此对生态环保相关的社会组织也有较强的资金支持意愿。一些家庭会定期将收入的一部分捐给一些符合自己观念的生态环保社会组织以支持他们的日常运营和环保项目的运作。甚至，国外一些生态环保组织大部分资金都来自民众捐款。而中国尚处于发展中国家队列，虽然中国经济发展较为迅速，民众的生态环保观念日渐加强，但是与西方国家还有一定差距，相信经过较长时间的民众生态环保理念教育，社会大众会形成良好的捐赠习惯。只有将提高民众对相关领域的认知，才会更好地支持相关工作，从而形成生态环保相关组织发展的肥沃土壤。目前个人捐款以小额方式为主，而且民众还没有养成定期捐款的习惯，生态环保类型的捐款占总体捐赠比例较低，而这就需要各个国家公园的共同努力，增加国家公园的能见度与知名度，以资金使用的透明公开赢得公众信任，同时将成果及时反馈给普通公众。在建立组织与公众联系时还需要注重趣味性。

个人捐款是世界自然基金会最重要的资金来源，每年的捐款可以占到经费总数的60%以上。世界自然基金会非常重视普通民众的参与，"地球一小时"就是其王牌活动。"地球一小时"是世界自然基金会应对全球气候变化所提出的一项全球性节能活动，提倡每年三月最后一个星期六的当地时间20:30，家庭及商界用户关上不必要的电灯及耗电产品1小时，以此来表明对环保活动的支持。而这个活动从2007年开始延续举办至今，已风靡全球，是一项十分知名的环保活动，这在很大程度上拉近了世界自然基金会与公众的距离，增加了民众的筹款捐赠意愿。

国家公园在拓宽个人捐款方面,可从多个维度实现突破性进展。首要之务在于深化民众的环保公益认知,通过教育引导与文化传播,激发社会各界,尤其是普通民众的捐赠热情及参与度。在具体的操作上,国家公园应精心策划并推出具有广泛影响力的公益活动,让民众与环保公益活动深度接触,增强互动性与体验感,提升国家公园的社会认知度与好感度。对于高净值人群而言,捐赠国家公园不仅是对环保事业的贡献,更是彰显其社会责任感与企业形象的绝佳平台。为进一步提升捐赠便利性,国家公园应积极探索并推广多样化的捐赠方式,如设立月度、年度捐赠计划等,既为公园运营提供稳定的资金来源,又极大地方便了公众的持续支持,减少了重复操作的烦琐。同时,与公众的沟通也是十分重要的,包括资金使用方式,所得到的成果都应该及时给捐助者进行反馈。通过定期发布项目进展报告、举办捐赠人交流会等方式,让捐赠者直观感受到自己的贡献所带来的积极变化,从而增强其对国家公园的信任与支持,形成良性循环的捐赠生态。

4.3.4 国际机构捐赠的慷慨解囊

聚焦于国际市场,挖掘国际机构的投资潜力,为国家公园建设筹集宝贵资金。诸如全球环境基金项目、国际野生动物保护协会、世界自然基金会等享有盛誉的国际组织,它们不仅是环保领域的领航者,也是资金注入的重要渠道。此外,双边或多边援助机构捐赠资金,构成了许多国家,尤其是发展中国家国家公园项目融资的关键一环,往往超越了政府预算的限制,成为推动项目前行的主要动力。国际机构类型及典型代表情况见表4-4。资金来源广泛多样,涵盖了政府型组织及多边援助机构的专业支持、基金会的慷慨解囊、非政府组织的前沿创新,以及外国企业的社会责任投资。

表4-4　国际机构类型及典型代表情况

类型	典型代表
政府型组织	荷兰、挪威、芬兰、瑞典、德国、法国等国政府、英国政府环境基金、美国国际开发署、加拿大发展援助署、澳大利亚发展援助署等组织

（续）

类型	典型代表
多边援助机构	联合国教科文组织、联合国粮农组织、联合国防治荒漠化公约、联合国难民组织、世界银行的全球环境基金（GEF）、亚洲开发银行
公益基金会	世界自然基金会（WWF）、摩纳哥阿尔贝二世亲王基金会、亚洲基金会、甘露基金会
非政府组织	世界动物保护协会（World Animal Protection，WAP）、美国大自然保护协会（The Nature Conservancy，TNC）、世界自然保护联盟（IUCN）
外国企业	可口可乐、亚马逊、微软

4.3.4.1 政府型组织及多边援助机构和国际公益基金会的支持

（1）政府型组织涵盖了众多西方发达国家政府及其设立的机构，如荷兰、挪威、芬兰、瑞典、德国、法国等国政府、英国政府环境基金、美国国际开发署、加拿大发展援助署、澳大利亚发展援助署等。这些机构在推动全球合作与发展中扮演着重要角色。

（2）多边援助结构由联合国发展系统和国际金融和区域性组织两大支柱构成。联合国发展系统下的组织丰富多元，涵盖了联合国教育、科学及文化组织（United Nations Educational, Scientific and Cultural Organization，UNESCO）、农业粮食安全的联合国粮食及农业组织（Food and Agriculture Organization of the United Nations，FAO）、环境保护与荒漠化治理的联合国防治荒漠化公约（United Nations Convention to Combat Desertification，UNCCD）以及人道主义援助的联合国难民事务高级专员公署（United Nations High Commissioner for Refugees，UNHCR）。此外，国际金融和区域性组织同样扮演着重要角色，特别是世界银行旗下的全球环境基金（Global Environment Facility，GEF），它在全球环境保护和可持续发展项目上发挥着引领作用；而亚洲开发银行（Asian Development Bank，ADB）等区域性组织则专注于推动亚洲及太平洋地区的经济繁荣与社会进步。这些组织共同构成了国际合作与发展的坚实基石。

（3）公益基金会，作为专注于特定领域的慈善组织，普遍拥有雄厚的资金基础和丰富的运营管理经验。它们中的佼佼者，如世界自然基金会

（WWF）、摩纳哥阿尔贝二世亲王基金会、亚洲基金会以及甘露基金会等，不仅在资金上实力强大，更在各自的关注领域内展现出了卓越的运作能力和深远的社会影响力。

4.3.4.2 非政府组织与外国企业的贡献

（1）非政府组织在生态环境领域同样扮演着举足轻重的角色，它们构成了保护自然与野生动植物不可或缺的力量。这些组织中，世界动物保护协会（World Animal Protection，WAP）、美国大自然保护协会（The Nature Conservancy，TNC）、世界自然保护联盟（IUCN）等，均以其专业性和全球视野，在推动生态保护、促进生物多样性方面发挥着重要作用。

（2）众多国际知名企业，特别是跨国公司，日益展现出对生态环境保护的高度重视，并因此拥有更多契机向国家公园提供资金支持，助力其可持续发展与生态保护工作的深化。

20世纪末，随着全球对亚马逊雨林生态完整性保护的关注日益增强，巴西政府与社会各界携手，联合全球环境基金（Global Environment Facility，GEF）、世界自然基金会美国分部及巴西本土力量，创新性地设计了一套高效的项目资金筹措机制——亚马逊自然保护地项目。该项目旨在通过多元化资金渠道，为构建并强化亚马逊保护地网络提供坚实的财务支持。巴西政府主导的亚马逊自然保护地项目，不仅彰显了该国对环境保护的坚定承诺，还成功吸引了包括全球环境基金、德国联邦政府、世界自然基金会以及亚马逊基金等多领域机构的鼎力相助。这种跨国界、跨组织的合作模式，有效整合了全球资源，确保了即便在政府资金有限的情况下，项目依托外国企业的资金，依然能够保持稳定流动，为亚马逊雨林的长期保护与可持续发展注入了强大动力。

4.4 市场开拓：创新市场化资金筹措机制

市场渠道主要指国家公园通过参与交换获取资源，主要包括绿色金融、市场开发、生态补偿、投资收益等方式。

4.4.1　绿色金融工具的深度应用

绿色金融是指为支持环境改善、应对气候变化和资源节约高效利用的经济活动，即对环保、节能、清洁能源、绿色交通、绿色建筑等领域的项目投融资、项目运营、风险管理等所提供的金融服务。绿色金融具有融资难度低、安全系数高等特点，非常适合国家公园的发展需求，可作为国家公园的一种重要融资方式。当前中国绿色金融快速发展，已经形成了具有中国特色的绿色金融国家战略，而支持生态修复、建设生态文明的创新型产品及服务逐渐增多（解焱，2018）。使用金融手段进行融资主要包括绿色信贷、绿色债券、绿色信托等方面内容。

4.4.1.1　绿色信贷与绿色债券：引领融资创新，赋能绿色转型

在当今全球绿色转型的大背景下，绿色信贷与绿色债券作为金融创新的双轮驱动，正以前所未有的力度支持绿色经济、低碳经济及循环经济的发展，加速推动经济社会的可持续进程。

绿色信贷是以信贷等金融资源支持绿色经济、低碳经济、循环经济，推动经济可持续发展，同时优化信贷结构、降低银行业金融机构的环境与社会风险，推动发展方式的绿色转型。其融资成本的优势，更是为包括国家公园在内的众多生态保护项目提供了强有力的资金支持，使得门票收入质押、收费权质押及固定资产抵押等多元化融资手段得以灵活运用，促进了自然保护区生态功能的全面提升。

而绿色债券，根据国家发展和改革委员会2015年公布的《绿色债券发行指引》，其发行旨在精准对接节能减排、清洁能源、生态保护、低碳产业等一系列绿色循环低碳发展项目，相较于传统债券，绿色债券在资金使用方向、项目筛选的严格性、资金流向的透明监管及定期报告制度上均展现出更高的标准与要求。这一创新金融工具不仅拓宽了绿色项目的融资渠道，更通过资本市场的力量，引导社会资本向绿色领域倾斜，促进了资源的有效配置。截至2019年年底，中国绿色债券发行规模已跃居全球首位，累计达1.1万亿元，彰显中国在推动绿色金融发展方面的坚定决心与显著成效。

对于国家公园而言，绿色债券为其在清洁能源应用、生态农牧业发展、水资源保护、绿色交通系统建设及园区基础设施升级等领域提供了宝贵的资金来源。这些绿色项目的实施，不仅有助于提升国家公园的自然保护成效，还能促进周边社区的绿色经济发展，实现生态保护与经济发展的双赢。因此，绿色债券已成为国家公园实现可持续管理、推动绿色转型的重要资金来源之一。

4.4.1.2 绿色信托：探索可持续发展的创新路径

随着《信托法》《信托公司管理办法》《信托公司集合资金信托计划管理办法》《信托公司净资本管理办法》等信托行业法律法规的建立健全，为信托公司的功能定位与业务规范提供了坚实的制度保障，引领信托业步入了一个健康、有序的发展新阶段。近年来，绿色信托作为信托业内的一股新兴力量，更是取得了显著进展，2022年绿色信托资产管理规模达到3133.95亿元，涉及项目728个，彰显了其在推动绿色经济中的积极作用。

绿色信托以其独特的风险隔离机制，为融资服务提供了稳固的基石，确保了资金的长期稳定性与安全性，这一特性对于国家公园等长期性、大规模的生态保护项目而言尤为重要。通过绿色信托，国家公园能够有效地锁定并管理项目资金，降低资金波动带来的不确定性风险，为生态保护工作的持续开展提供坚实的财务支撑。

此外，绿色信托的金融服务范畴远不止于融资。依托信托财产的多元化特性，绿色信托能够灵活设计并提供包括财产权信托、资产证券化在内的多种服务，满足国家公园在生态保护、生态修复及可持续发展等方面的多元化资金需求与金融服务需求。

以杭工商信托联合中建投信托、万向信托共同成立生态保护慈善信托为例，该信托项目通过委托阿拉善生态基金会作为慈善信托项目顾问，精准对接生态保护公益项目，如阿拉善盟的乌兰布和生态保护公益纪念林项目，展现了绿色信托在推动社会公益与生态保护方面的巨大潜力。国家公园亦可借鉴此类成功模式，利用绿色信托工具拓宽融资渠道，创新融资方式，为自身的可持续发展注入新的活力与动力。

4.4.2　市场开发的多维度探索

世界各国国家公园的管理模式并不相同，但是在经营机制上有着很大的相似性，管理权与经营权分离是一条很重要的原则，国家公园的管理者不能将管理的经营要素作为牟利的工具，不能直接参与营利活动，国家提供岗位工资来保证其生活。自然保护的首要职能是对自然生态环境进行保护，需要在开发过程中避免出现过度开发的情况，更多的是需要开发出一些附加值高、对自然生态环境无害的产品和服务，以满足社会公众对自然保护区的相关需求。这就要首先成立国家公园开发有限公司，专门负责国家公园的相关市场开发。

4.4.2.1　产品开发与品牌授权的商业化运作

中国的国家公园也可以通过自主建设、品牌授权与传播等开发自己的文创产品，通过建立国家公园文化产品公司，建立国家公园文创品牌，结合国家公园特色与地域文化特征，让消费者可以通过产品的元素符号、色彩、形态辨识出国家公园的文化内涵。国家公园设计别具一格的文创产品，将其销售到市场中，扩大自己的资金流，增加资金来源，还可以提升国家公园的品牌形象。

国家公园也可通过对其他产业如农产品、其他绿色产品等进行牌授权的方式，带动当地与农林、文化相关的产品开发与产业发展，将国家公园的商标、品牌、形象等以合同的方式授权给其他公司，通过与品牌授权进行市场化深度运营，将国家公园形象、理念更加快速地在公众中传播，国家公园与其他品牌的结合可以带来更高的附加值，还可以实现乡村振兴、带动当地产业发展。

4.4.2.2　配套服务业特许经营的活力释放

特许经营是指授权人将其商号、商标、服务标志、商业秘密等在一定条件下许可给经营者，允许他在一定区域内从事与授权人相同的经营业务。特许经营可以将市场扩大，将国家公园自己的一些文化产品等进行推广，打开了市场，可以筹集到更多的资金来建设国家公园，是一个重要的资金来源渠道。而特许经营也是国际上很多国家所采取的一个重要措施，而中国国家公园可以通过特许经营获得资金的同时，还可以将这些权利进行质押获得信贷资金，进一步降低融资难度。

包括门票在内的国家公园收入直接上缴国库，而其他经营性资产可以采取特许经营的方式，私营机构可以通过竞标的方式，通过向国家公园缴纳一定的费用，获得在公园内开展餐饮、住宿、交通、娱乐、零售等旅游配套服务的权利。另外，一些国家公园对电影拍摄等活动收费，还有少数国家公园通过出让一些资源获取资金，如南非对多余动物的拍卖。尽管特许经营可以获得一定收入，但所占份额较小，如美国、新西兰的特许经营收费分别只占国家公园运营费用的20%、15%左右。

特许经营所获得的收入一方面可以投入国家公园的基础设施建设中去，使得国家公园的设施更加完善。另一方面特许经营的一些项目也满足了社会公众的需要，提升游客的旅游体验。

4.4.2.3 公私合营融资模式的共赢实践

公私合营融资模式（Public–Private–Partnership，PPP）是一种新型政企合作的融资模式，公共部门通过与私人部分建立合作伙伴关系并提供公众产品或服务的一种方式，其实质就是公共部门通过特许经营协议等合同方式，将原本属于公共部门的公共服务、基础设施建设、自然能源开发、节能环保等项目委托给企业管理运营，双方通过合作机制达成风险共担、利益共享，形成优势互补的局面。如今绿色PPP在PPP市场占有重要地位，是中国发展绿色产业的重要项目融资模式。这主要适用于投资规模较大、需求长期稳定的绿色项目，而国家公园的基础设施、生态补偿、生态保护等项目都具有长期性、规模也较大，对于这一类型的融资可以采用绿色PPP项目。

红河哈尼族彝族自治州在打造红河水乡湿地工程时就引进了PPP模

式，弥勒市政府与社会资本共同成立弥勒新城投资有限公司，由中国投资咨询有限责任公司提供项目咨询服务，同时向国家开发银行云南支行提供贷款支持，该项目采取"政府授权+特许经营"的形式与社会资本进行合作，该项目主要通过引入地下车库、广告租赁、游客中心租赁、体育赛事承办等增值性服务，创新了盈利模式，这使项目获得了一定程度的成功。国家公园同样可以采用这一模式，引入社会资本，对园区内基础设施进行建设，形成国家公园、企业、个人三方共赢的局面。

4.4.2.4　碳汇交易的生态价值转化

生态系统碳汇包括森林碳汇、海洋碳汇、草原碳汇等不同类型，其中最主要的是林业碳汇。林业碳汇，是以森林为载体，利用森林的固碳能力，通过植树造林、加强森林管理、保护和恢复森林植被等活动，吸收和固定大气活动中的二氧化碳。目前碳汇的主要包括清洁发展机制（Clean Development Mechanism，CDM）、中国核证自愿减机制（China Certified Emission Reduction，CCER）、国际自愿碳标准林业碳汇项目（Verified Carbon Standard，VCS）和中国绿色碳汇基金会开发的绿色碳汇项目（China Green Carbon Foundation，CGCF）四种类别（潘瑞等，2020）。

林业碳汇是国际社会公认的增汇方式，固碳效果明显，有利于落实减排目标，中国是世界上森林总量较大的国家（马雯雯和赵晟骜，2020），在部分国家公园中有丰富的森林资源，而国家公园作为资源的管理机构，通过推进国家公园区域林业碳汇机制的形成，促进林业碳汇进入碳交易市场，进行市场化交易获得资金是一个很好的措施，云南、福建和内蒙古的项目业主与相关公司签署了碳汇交易协议，内蒙古绰尔林业局获得了40万元碳汇收益。2011年开始，中国绿色碳汇基金会推动实施了竹子造林碳汇项目、森林经营碳汇项目、大型活动及公众排放碳中和项目等一系列项目。国家公园除了自己推进外，还可以和有经验的经营主体共同推进林业碳汇项目的落地实施。

森林碳汇项目可以通过改善社会就业情况和经济情况有助于减缓贫

困，显然对于国家公园周围社会发展是有一定作用的（张莹和黄颖利，2019）。但是，目前中国森林碳汇市场一方面面临着项目技术要求严格、签发程序负责导致了交易门槛高的问题，另一方面排放配额过松、森林碳汇抵消排放配额的限制较多等造成了森林碳汇市场的不确定性（林宣佐，2019）。

4.4.3　生态补偿与投资收益的良性循环

在推动国家公园可持续发展的进程中，构建高效的生态补偿机制与优化投资收益管理策略，是实现生态保护与经济发展双赢的关键路径。生态补偿机制的建立，核心在于通过向生态资源使用者征收合理费用形成稳定的资金流，专项用于国家公园的保护与恢复工程。这一机制不仅体现了生态有偿服务的国际共识，即通过协商合同安排，确保生态系统服务的受益者向提供者支付相应费用，更是运用经济杠杆调节利益相关方关系，促进生态资源可持续利用的重要制度安排。它不仅直接关系到国家公园生态环境质量的提升，更是实现旅游经济、社会福祉与生态效益和谐共生。

为实现生态补偿资金的最大化利用与循环增值，国家公园应积极探索多元化投资渠道与策略。投资收益是指国家公园对一些资源进行投资所得的收入。通过设立绿色专营机构，采取商业化运作模式，国家公园能够有效提升非财政资金的运作效率，实现资金的保值增值。国家公园专门设立的机构，不仅可以承担资金管理的职责，更应发挥杠杆效应，吸引更多社会资本投入国家公园的运营与发展中，为生态保护与可持续发展注入强劲动力。

具有半官方性质的中华环保基金会2019年沉淀资金主要用于投资信托理财、银行理财、银行活期存款上，其中银行理财获得收益551万元、信托理财62万元、活期利息收入94万元，中华环保基金会灵活将资金应用于合适的渠道，实现沉淀资金的保值增值。借鉴成功案例如中华环保基金会的资金运作模式，国家公园应灵活选择投资方式，确保资金的安全性与增值性。在保持资金流动性的基础上，可以将部分沉淀资金投资于信托理财、银行理财产品等投资渠道，以获取收益回报。从分散风险并获取更高的综合收益的角度出发，低风险的理财产品、货币型基金、分红型保险、信托计划是可以考虑的投资方式。同时，还可以将长期闲置资金进行长期国债的购买。这些投资策略不仅有助于国家公园实现资金的自我积累与循环使用，更为其长期发展规划提供了坚实的财务支撑。

综上所述，构建生态补偿与投资收益的良性循环体系，是国家公园实现可持续发展目标的重要策略。通过科学合理的生态补偿机制设计，结合高效的资金管理与投资策略，国家公园不仅能够有效保护珍贵的自然资源，还能促进地方经济的绿色转型与升级，最终实现生态保护与经济发展的双赢局面。

4.5　控本增效：探索资金节约与高效利用途径

国家公园除了直接筹集资金外，还可以通过其他方式吸引个人、企业、社会团体的人力资源、设备、技术等直接应用于国家公园的建设与营运之中，从而降低成本，减少资金流出，从而达到最大化利用所筹集资金的目的。

4.5.1　志愿力量与社会资源的最大化利用

个人、企业、社会团体的志愿活动是很重要的一方面内容，以零成本或者低成本使用个人或者组织的劳动。国家公园需要使用一定的人力资源来做管理、宣传，但人力成本较为高昂，对于偏远的国家公园尤为如此。志愿活动对于丰富国家公园的人力资源，减少国家公园在人力资源的开支具有很大作用。目前国内外对于这一措施都有相关应用，如西双版纳国家级自然保护区通过举办"拾捡白色垃圾，保护绿色生态"志愿者活动，招募社会志愿者，沿保护区和景区周边道路清理白色垃圾。通过志愿活动一方面让自然保护区环境更加清洁，营造人与自然和谐的生态环境，为国家生态文明建设和经济社会可持续发展做出贡献。

另一方面，志愿活动提高社会公众对自然生态环境的保护意识和自觉践行环保行为理念，让参与志愿者了解自然保护地建设的重要意义。钱江源国家公园与浙江师范大学紧密合作，招募志愿者参加国家公园的生态保护工作，志愿者不仅参与红外相机野外操作及观测、数据采集等各类科研活动，同时积极开展生态环境保护和科普宣传，钱江源国家公园通过长期与高校进行志愿活动，节省了一定的科研与宣传成本，志愿者的深度参与也更加利于国家公园长期保护工作的开展。三江源国家公园通过招募生态管护员进行生态保护，目前实现了园区牧户生态管护公益性岗位"一户一岗"全覆盖，形成乡镇管护站、村级管护站和管护小分队的管护体系，三江源国家公园开展了生态管护员的培训，教会他们辨识珍稀野生动物、学习使用红外相机等等，加上当地牧民对地理环境更加了解，节省了部分培训费用，随之带来的是生态的改善，水源涵养量年均增幅在6%以上，草地覆盖率、产草量都呈现大幅提高，水资源量增加了80亿立方米，同时牧民不仅从生态中收益，在经济上也获得较大收益，当地牧民的积极性得到了极大提高。

在国外，志愿服务的合作形式更为多种多样，位于南美洲厄瓜多尔的加拉帕戈斯群岛通过与当地的先锋冒险组织合作，由其招募志愿者，将环境保护和参观游览当地风景名胜结合起来，为期3周，费用1590美元，志愿者在为国家公园做贡献的同时又可以较为低廉的价格欣赏到当地的美丽景色。位于英国的国民信托是一个公益组织，致力于保护民居、森林、沼泽、岛屿等类型的生态环境，国民信托与国家公园进行合作，每年对外提供400个志愿者服务日，报名的志愿者可以选择自己感兴趣的志愿服务进行报名，项目种类非常丰富，可以进行动植物调查、考古挖掘、维护林地、进行生态修复等，而志愿者需要向这个信托缴纳65～85英镑等不同的费用来获取志愿资格。

国家公园可以直接通过网站、微博、微信公众号面向社会招募志愿者，还可以通过与学校、科研院所、企业、基金会、志愿者协会、行业协会等合作，通过他们进行志愿者的招聘工作，而国家公园为了更加吸引志愿者的加入，可以在游客观光淡季时期以免费或者低价方式提供观光、住宿、餐饮、科研项目等。而志愿者加入其中可以根据不同志愿者所具有的不同特长，进行国家公园的宣传、科研、环境保持、生态保护、基础服务等不同项目的志愿活动。

4.5.2　外部设备与技术的共享与合作

在国家公园建设和保护过程中，同样需要一些技术、设备的使用，而有一些技术、设备可以通过与个人、企业、学校、科研院所、社会团体进行合作，以免费或者较低成本使用社会组织的设备和技术，或者由国家公园提供一些可利用的设施、场所，通过与个人和社会组织进行交换的形式使用他们的设备和技术，以上的这些方式都可以显著降低国家公园的成本。

4.5.3　创新生态补偿绿色保险机制

绿色保险是一种市场化、社会化的环境风险治理机制。绿色保险主要险种为环境责任保险，在国内研究及公众认知方面，主要集中在环境污染责任险领域。其他与绿色领域有关的领域发展不明显，还没有形成完善的产品和服务体系，对社会各界对绿色保险的认识产生一定影响（陈敬元，2016）。同时因为宣传不足的原因，保险行业缺乏对绿色保险的系统宣传和推广，只停留在环境保护、保险监管部分对环境污染责任险的宣传上，还没有形成良好的社会舆论环境。

近些年来，保险资金积极参与到绿色金融体制机制创新，为中国的环保、新能源、节能等领域绿色项目提供融资支持。2018年世界自然基金会与深圳市一个地球自然基金会、珠峰财产保险股份有限公司合作开发了生态保护区巡护人员团体意外伤害保险，在自然保护地的巡护员守护着国土的生态安全，而他们却面对着工作环境恶劣、职业福利较低等问题，同时在工作中经常会面临一些危险的情况，也没有合适的装备和设施来保障自身安全，这款保险的推出无疑对其具有正面意义，也是在创新生态补偿绿色保险机制上的新探索。

国家公园作为自然保护地的核心形式，也可以借助国家公园环境污染责任险及其他绿色保险，同时利用中央和地方政府的补贴，创新绿色保险与绿色信贷的新型组合融资产品，可有效弥补因动物出行造成人财伤亡和损失的国家公园开支。

第5章

国家公园资金保障体系建立的实施策略

5.1　稳基础：优化财政投入机制

财政作为国家公园资金保障体系的基石，是各级政府必须确保的基本资金来源，其投入力度直接关系到国家公园体制建设的成败，因此，财政投入应被视为重中之重。理想状态下，财政投入应占据国家公园总体投入的80%～90%，以确保公园运营与发展的可持续性。

为强化财政支持的法律基础，亟须加快《自然保护地法》与《国家公园法》的立法步伐。在立法过程中，应明确界定国家公园的资金投入标准、使用规则及资金总量的科学测算方法，从根本上减少国家公园在保护管理等方面对特许经营收入及门票收入的依赖，逐步推动门票价格回归合理区间，使国家公园真正回归其公益属性。

同时，为确保财政资金的有效使用与管理，应建立健全奖惩机制。对于经费到位、使用高效、管理规范的单位和个人，应给予表彰与奖励；而针对经费不到位、使用不当、管理混乱等问题，则需明确界定责任，制定严格的惩罚措施，包括但不限于资金追回、行政处分乃至法律追责。

5.1.1　明确财政投入类别与动态匹配实际需求

国家公园的财政拨款策略深受其管理体制的制约。无论是实施统一的垂直管理，直接由国家公园管理局统筹，还是采用委托代管模式，关键在于管理局需根据各公园的特异性进行精细化财政规划。这要求全面考量各公园的保护优先级、面积规模、地理位置、周边人口分布、人员编制需求及基础设施现状等因素，科学划分财政投入类别。

回顾历史数据，中国自然保护区单位面积财政投入自1999年的1002元/平方千米增长至2013年的9790元/平方千米（费宝仓，2003），增幅显著，但仍显不足。对比国际，如2019年美国国家公园单位面积投入高达15333美元，新西兰为9481美元，南非也有4574美元，凸显了中国国家公园整体投入水平的提升空间。

基于此，建议采取差异化且动态调整的财政投入策略。首先，将国家公园按主要保护对象分为动物类与非动物类两大类，并设定基础投入标准——动物类国家公园每年每平方千米至少投入6000元人民币，中东部非动物类国家公园则不低于8000元，而西部非动物类国家公园因地理与生态条件差异，可设定为至少5000元。随后，根据各公园的具体保护需求、生态脆弱性、游客承载量、科研教育价值等多维度指标，灵活调整财政拨款额度，确保资金精准高效投入。

此外，应建立财政投入的动态评估与调整机制，定期复审财政投入效果，根据保护成效、资金利用效率及新出现的保护挑战，适时调整财政投入策略，确保国家公园的长期可持续发展。

5.1.2　确定中央财政与地方财政投入资金比例

中央财政资金应该是国家公园建设发展的核心，中央财政资金投入主要分成三个部分，中央基本建设支出（简称"中央基建"）、中央一般公共预算支出（简称"中央财政"）以及其他财政支出。以上三者均可分为中央本级支出和对地方的转移支付，国家公园管理机构的支出应该纳入中央一般公共预算，由国家公园管理局对部分预算进行汇总编制。在国家公园的前期建设中会较多地使用到专项资金的方式，而在国家公园基础设施日趋完善后，专项资金投入会减少。由于构建国家公园而使地方损失的税收和非税收入、国家公园区域内社区发展所需支出、地方政府对国家公园政策落实考核奖励都应该通过对地方政府的转移支付来实现。

地方财政资金是国家公园建设发展的辅助力量，地方财政资金投入主要用于非经常性的国家公园支出事项，国家公园也可以通过资金向地方政府购买相应服务。对地方发展收益较大的相应基础设施建设、配套服务上，鼓励政府投入一定的资金。不同省份财政实力各异，各地的人口以及未来国家公园面积大小差异极大。中国各类国家级保护地反映国家最高级别生态保护的重要区域，其中最重要的无疑是国家级自然保护区。对此我们选择各省的财政一般预算收入、人口、国家级自然保护区面积进行划分。根据人均财政一般预算收入和人均国家级自然保护区面积，北京、上海两地人均财政一般预算收入极高（表5-1），而要负担的保护区面积非常低，西藏、青海、新疆、甘肃、内蒙古、黑龙江、宁夏、吉林、四川、云南这几个省份拥有的人均保护区面积最大，将剩下的省份数据整理如图5-1所示。

表5-1 各省份人均财政一般预算收入与人均自然保护区面积情况

省份	人均一般预算收入（元）	人均自然保护区面积（公顷/万人）
北京市	27006.04	12.07
上海市	29510.30	27.18
安徽省	4999.28	21.83
山东省	6481.27	21.85
天津市	15430.54	24.33
浙江省	12047.86	25.13
广东省	10981.22	28.30
山西省	6295.41	31.38
河北省	4929.76	33.72
江苏省	10907.51	37.05
河南省	4192.53	45.33
江西省	5329.00	49.51
福建省	7683.66	60.41
贵州省	4878.17	67.35
湖北省	5716.87	72.21
广西壮族自治区	3653.00	78.23
重庆市	6833.80	81.63
湖南省	4346.62	91.79
陕西省	5902.30	154.80
海南省	8615.13	167.20
辽宁省	6093.66	224.72
云南省	4268.28	309.39
四川省	4860.53	350.57
吉林省	4150.35	411.37
宁夏回族自治区	6094.24	661.87
黑龙江省	3366.14	808.05
内蒙古自治区	8109.21	1680.71

（续）

省份	人均一般预算收入（元）	人均自然保护区面积（公顷/万人）
甘肃省	3212.05	2598.04
新疆维吾尔自治区	6252.87	4831.15
青海省	4640.46	34101.97
西藏自治区	6324.79	105849.00

数据来源：《中国统计年鉴2020》。

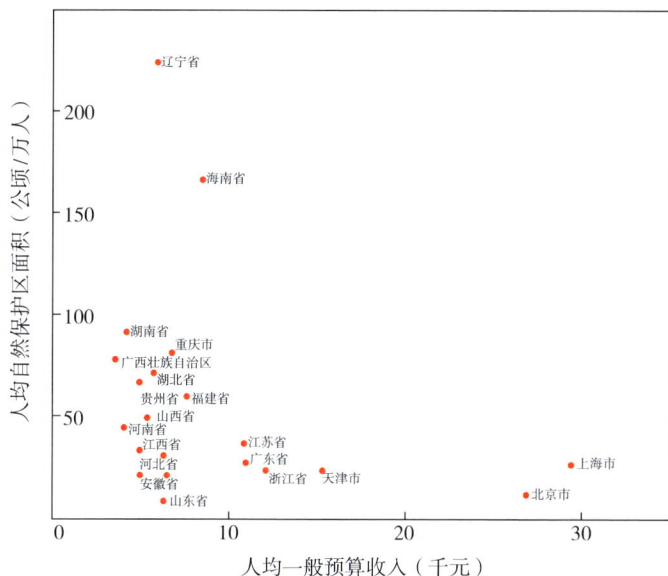

图5-1　部分省份人均一般预算收入和人均自然保护区面积情况分布

根据以上分析我们可以将中国的省份分成几大类别：

（1）富裕型，包含北京、上海、天津3个直辖市；

（2）充足型，包含江苏、广东、浙江3个省份；

（3）自给型，包含湖南、广西、湖北、重庆、贵州、福建、江西、河南、河北、山西、山东、安徽12个省份；

（4）不足型，包含陕西、辽宁、海南3个省份；

（5）严重不足型，包含西藏、青海、新疆、甘肃、内蒙古、黑龙江、宁夏、吉林、四川、云南10个省份。

国家公园管理机构每年可根据上年国家统计局发布数据进行分析计算，对不同省份进行科学合理分类，鼓励地方对国家公园投入相应资金，对基础设施包括交通运输建设、信息通信设施建设等投入有一定的比例和定量支出。

5.1.3 保障财政投入的长效性

保持财政投入的稳步增长是国家公园持续发展的基础，根据多年的居民消费价格指数的增长情况，近几年中国的居民消费价格指数平均每年增长约3%，资金需要至少与其保持同步增长才能维持资金的平价购买力，因此财政资金投入每年增长应不低于3%，从而确保各个国家公园的日常维护与运营。

根据国家公园运营的情况，每年固定的人工费用、维护运营费用、生态保护资金等资金费用纳入政府财政预算，对于偏远落后地区的国家公园应给予倾斜。此外，国家公园的建设、保护的部分非常规项目资金应当根据各个国家公园的实际情况向地方政府和中央政府进行申请，国家结合具体情形进行审批工作。

5.2 广开源：多元化资金筹措策略

在国家公园的建设与运营中，社会资金的积极参与不仅是财政资金的有益补充，更是激发市场活力、提升服务品质与效率的关键。这不仅能够促进国家公园在生态保护与公共服务上的双重优化，还能实现公共利益的最大化，超越单一财政资金的局限。

鉴于国家公园管理机构的行政属性，为更有效地吸引社会资本，需要设立具有非政府属性的国家公园基金会。为增强基金会的吸引力和管理效能，应积极邀请知名企业、社会名流以及国内外相关组织作为合作伙伴或顾问，共同参与基金会的运作与管理。在资金筹措策略上，国家公园应积极探索多元化的融资模式，包括但不限于社会捐赠、企业赞助、公益众筹、绿色债券发行等。通过科学规划，力争将社会融资渠道的资金比例提升至合理区间，以有效缓解财政压力，为国家公园的长期可持续发展提供坚实的资金保障。

5.2.1　社会力量注入：深化社会资金合作

5.2.1.1　激活社会资本：鼓励参与国家公园建设

通过制定完善的法律法规，保障自然保护地得到多渠道、稳定的资金来源，包括有关社会捐赠、特许经营、生态补偿、企业税收优惠等方面的法律法规，形成以《自然保护地法》和《国家公园法》为中心，其他法律法规为外环的一整套关于国家公园的法律法规体系，进一步提高相关法律法规的可操作性。国家可通过立法的方式鼓励企业投入国家公园的建设发展上，制定相应的减税措施，对积极参与国家公园建设发展的企业和个人给予相关财税优惠和便利。以此为基础，在信贷激励机制上，将企业捐赠信息纳入征信管理系统、适度放宽贷款条件、增加授信额度、降低银行贷款利率；在投资激励机制上，对捐赠型投资产品给予政策支持、编制捐赠型投资指数、培育理性的捐赠型投资者；在税收激励机制上，提高企业和个人捐赠的税收优惠比例、拓宽减免税的企业捐赠形式与用途、简化捐赠免税与退税程序。国家公园管理局可以每年发布积极参与建设的企业名单，形成示范作用，以期为企业捐赠提供良好的外部政策环境。

5.2.1.2　基金引领：设立国家公园基金会

在国家层面成立国家公园基金会，负责面向国家公园的社会捐赠和资金投资事务。制定基金会章程，向社会公开基金会章程、执行、监督机构成员信息，国家公园基金会每年应制定详细的社会捐赠规划。国家公园通过各个国家公园的基金会或基金对外进行款项募集，用于国家公园特定与不特定用途的使用，应当在国家公园和国家公园基金会显著位置进行募款的方式、用途以及其他相关内容说明。每年都应发布年度报告，清晰透明地展示国家公家公园基金会的工作成果。

国家公园管理局应当鼓励各个国家公园通过设立的国家公园基金会积极与包括阿里巴巴、腾讯等在内的知名企业进行合作，联合推出类似于

"蚂蚁森林"的活动，在腾讯"99公益日"活动平台发布国家公园各具特色的项目进行资金筹集，同时扩大社会公众对国家公园的了解，加深对国家公园的参与程度。

国家公园基金会可以创新性地实施"绿色收益共享计划"，旨在通过生态友好型经济活动促进当地社区与自然环境的和谐共生。具体而言，基金会将以公平合理的市场价格，从当地农民手中收购高质量的生态有机产品，如有机农产品、手工艺品等，同时挖掘并开发具有国家公园特色的文创产品，如纪念品、艺术品等。为了拓宽销售渠道，增强市场影响力，基金会将积极利用淘宝、京东、拼多多、苏宁等主流电商平台，以及社交媒体、直播带货等新兴营销手段，开展国家公园特色产品的公益推销与售卖活动。这一举措不仅能够将国家公园的自然美景与独特文化以商品的形式传递给更广泛的消费者群体，提升国家公园的品牌知名度和美誉度，还能实现产品价值的最大化，为基金会带来稳定的收入来源。更重要的是，通过"绿色收益共享计划"，基金会能够在发挥引领作用的同时确保国家公园内的土地和植被免受化肥、农药等有害物质的污染，维护生态平衡与生物多样性。同时，该计划也为当地农民提供了额外的收入来源，帮助他们实现经济增收和生活改善，增强了他们对国家公园保护工作的理解与支持，形成了良性的互动与共赢局面。

5.2.1.3 多方助力：探索其他筹资渠道

国家公园管理机构应通过与政府组织、多边机构、其他基金会、非政府组织、外国企业建立联系，积极吸纳这些机构的可用资金。国家公园管理机构应关注国际环境和自然基金的相关信息，了解各国际基金的支持政策和项目投资偏好，及时关注这些国际机构在网站上所发布的项目信息，选择符合与国家公园特色相吻合的项目，准备充足资料进行项目申请。

5.2.2 市场渠道创新：灵活应用市场手段

国家公园筹资的市场渠道主要包括绿色金融、特许经营、生态补偿、碳汇，国家公园通过市场筹资到的资金应占国家公园总筹集资金的 5%～15%。

5.2.2.1　绿色金融助力：推动绿色金融产品开发

国家公园应携手国家公园基金会，深度挖掘绿色金融的潜力，通过多元化、创新性的金融工具，为公园的可持续发展注入强劲动力。

（1）利用园区内特许经营项目的稳定收益作为质押，申请绿色信贷支持，降低融资成本。同时，探索将园区内优质资产进行证券化，如特许经营收费权证券化，拓宽融资渠道，增加资金流动性。

（2）针对清洁能源开发、生态农牧业推广、水资源保护、绿色交通系统建设及园区基础设施升级等绿色项目，精心设计并发行绿色债券，吸引国内外投资者关注，为项目提供长期稳定的资金来源。

（3）对国家公园基金会中闲置资金进行科学管理，依据法律法规，投资于定期存款、理财产品、绿色基金及信托项目等，实现资金保值增值。同时，确保投资活动符合绿色标准，助力绿色经济发展。

（4）与知名信托公司深度合作，共同设立国家公园绿色公益信托计划。该计划旨在通过信托机制，吸引社会资金参与国家公园的绿色建设，同时确保资金使用的透明度和效益，为公园的长远发展奠定坚实的财务基础。

5.2.2.2　特许经营探索：创新特许经营模式

国家公园可以将园区交通、住宿、餐饮、娱乐、零售等旅游配套实施的经营权进行转让，从而获取收益，国家公园建立好特许经营制度，确定合适的特许经营范围，详细制定特许经营商的进入与退出制度，对特许经营商进行事前、事中、事后监管，在不破坏自然生态环境的前提下，为游客提供最好的服务。

国家公园可以和一些具有文创经验的公司进行合作推出自己的文创产品，在平台上进行销售，包括文化旅游纪念品、办公产品、家具日用品、手工艺品等类别。还可以和知名企业联合推出联名款产品，例如和博物杂志联合推出动物手办，和李宁、安踏等公司推出鞋服联名款，和晨光、得力等公司推出文具联名款等。

5.2.2.3　PPP模式实践：探索公私合作模式

国家公园引入PPP项目，国家公园管理机构通过竞争性方式选择具有相关领域投资、运营管理能力的社会资本，社会资本提供生态保护、旅游等公共服务，国家公园对其进行监督与评价向社会资本支付价格，保证社会资本获得合理收益。

5.2.2.4　生态补偿机制：完善生态补偿体系

建立生态补偿机制，国家公园向生态资源的使用者收取一定费用，主要涉及国家公园内的河流、森林，对于河流下游的生态收益企业应当向国家公园支付一定费用。下游政府、企业根据相关机构通过对水和森林经济效益的计算，对完成生态环境目标的国家公园进行费用支付。

5.2.2.5　林业碳汇交易：开发林业碳汇潜力

国家公园应深挖林业碳汇潜力，积极参与碳汇交易市场，将森林资源转化为经济收益。通过市场化运作及与专业主体合作，加速碳汇项目落地，提升资金自给能力。同时，构建碳汇生态系统，普及知识，创新技术，完善法规，为生态保护与可持续发展注入新动力。

国家林业和草原局要首先完善森林碳汇交易平台建设，参照欧盟排放权交易体系、芝加哥交易所等，制定简洁的交易规则，鼓励企业通过购买森林碳汇减排，完善森林保险体系，丰富林业贷款产品、拓宽林业融资渠道。其次，加强森林碳汇宣传推广工作，增强国家公园的管理执行机构、企业、个人对于林业碳汇交易的认知程度，增强低碳社会理念。同时建立森林碳汇市场风险管控机制，优化对必要风险的应对工作。通过建立中长期低息贷款体系、加大贷款贴息力度、推动绿色碳汇基金发展等措施营造良好的碳汇经营金融环境。同时对森林碳汇科研工作加大支持，加强森林科技的创新和示范。促进森林碳汇的区域统筹协调发展，完善森林碳汇发展的社会服务体系，尽力保障社会民生，增强扶贫减贫力度。

5.3　重节流：提升资金使用效能

5.3.1　合作共赢：深化跨界合作机制

5.3.1.1　科研引领：与科研机构深度合作

倡导国家层面积极搭建平台，促进国家公园与国内外顶尖科研机构的紧密合作。通过在国家公园设立专门的科研基地，全力支持科研机构开展生态保护、管理策略优化及可持续发展模式探索等前沿研究。将科研成果迅速转化为生态保护实践和国家公园建设的科学指南，构建产学研深度融合的创新生态，实现科研与保护的双赢局面。

5.3.1.2　企业联动：拓展与企事业单位合作

为进一步提升国家公园的管理效能和服务质量，积极寻求与各类企事业单位及社会团体的合作机会。通过引入个人捐赠、企业投资及社会资金，支持国家公园采用先进技术和试验性设备进行基础设施升级、管理创新及服务优化。这一合作模式不仅能够有效缓解资金压力，还能促进新技术、新方法的快速应用与迭代，提升国家公园的整体竞争力和社会影响力，实现经济效益、生态效益与社会效益的和谐统一。

5.3.2　公众参与：强化志愿活动作用

5.3.2.1　教育融合：与学校合作开展环保教育

鼓励国家公园与当地大中专院校、中小学进行合作，设立社会实践基地，鼓励学生周末、节假日、寒暑假参与到国家公园的志愿活动中来，包括游人引导、景点讲解、环境维护等工作。国家公园可以与林业类、农业类、旅游类等院校合作，鼓励学生前来进行志愿活动，主要从事社会实践调查以及其他与专业相关活动。国家公园管理机构可为学生开具社会实践证明，统一为志愿者提供志愿者服务时长，录入志愿系统，志愿服务次数满5次即可兑换国家公园免费门票一张。

5.3.2.2　社会协同：与社会组织和个人共筑保护网

国家公园同时可以通过其他组织向社会、海内外招聘专业人士充当志愿者，利用他们的专业与特长，解决国家公园存在的问题，包括生态保护、环境教育、景区规划、景区建设、广告宣传等，每个国家公园都可以免费招募知名人物作为形象大使，借助名人效应免费为国家公园宣传，招募具有摄影、文字专长的志愿者，通过互联网平台进行国家公园的宣传，国家公园可以给予低于市场价格相关费用。

5.3.2.3 民间力量：鼓励成立民间环保组织

民间环保组织的成立能够在一定程度上解决政府在某些方面存在失灵的情况。民间国家公园环保组织可以组织公众参与环保、为国家环保事业建言献策、开展社会监督、维护公众环境权益等。

（1）在机构审批上，简化民间国家公园环保组织的注册审批手续，改申请制为备案制，降低成立标准。

（2）在税收优惠政策上，对民间国家公园环保组织实行税收减免、成本扣除和加速折旧等措施，提高个人税前扣除标准、扩大税前扣除适用范围，同时加强对互联网等新型捐赠手段的研究，积极填补相关法律空白。

（3）在财政政策上，为民间环保组织提供专项补贴、政府奖励，推广制度性奖励措施和特定奖励措施的覆盖面，提高奖励补助资金的规模和力度，对国家公园建设做出突出贡献的民间环保团体进行直接奖励。

此外，在开展活动、吸引人才、招募志愿者等方面提供帮助，以实现民间环保组织与国家公园的互利、共同发展。

5.3.3 风险保障：完善绿色保险体系

鼓励各国家公园与保险公司合作开发新型险种，减少国家公园因意外而出现大额资金使用情况的发生。

5.3.3.1 野生动物保护：设立野生动物肇事保险

针对国家公园建立后，良好的生态使得野猪、熊、猴子、大象、鸟类等野生动物的增加，而这些动物可能会破坏国家公园区域内以及相邻地区农作物或者伤害家禽、家畜。各国家公园应当划定除动物可能破坏的范围，向保险公司每年投付"野生动物肇事保险"，由保险公司对村民、牧民遭受的损失进行鉴定、赔付。

5.3.3.2　生态环境安全：开发生态环境险

针对国家公园区域内可能发生的环境污染，向保险公司投保"生态环境险"，每年支付投保金额，一旦区域内发生环境污染，由保险公司进行赔付。

5.3.3.3　人身安全守护：巡护人员意外伤害险

由于国家公园多位于较为偏远的地区，巡护人员在进行巡护作业时可能面对着包括自然灾害、野生动物袭击在内的各种各样的风险，国家公园管理机构通过为巡护人员投保意外伤害险，切实保障巡护人员的人身、财产安全。

5.3.3.4　生态农业保障：生态农业风险险

在国家公园区域内进行无公害生态农业的种植作业，包括水稻、蔬菜、药材、水果等农特产品，面对自然灾害的风险，如暴雨、洪水、滑坡、冰雹、台风、地震等，种植户可能会产生较大损失，当地国家公园管理机构可为其投保生态农业险种，降低损失。

5.4　优管理：构建长效管理机制

国家公园多元化的保障机制包括事前的吸引资金、事中的使用资金、事后的监督三个连续过程。而这三个过程需要管理机制发挥相应的作用。尤其当国家公园的建设和发展资金有长期持续的稳定来源之后，管理机构应对建设资金的管理与使用有着明确严格的规划，制定科学合理的使用标准，确保所筹资金每一分都用到合理的地方，而这就离不开高效、规范、透明的管理机制。

5.4.1　理顺国家公园管理机制

中国的国家公园、自然保护区以及风景名胜区等具有多种形式，需要注意在国家公园的建设过程中保证科学性，落实总体方案，不同的国家公园拥有不同的特点，对于不同保护地的法律条例也存在差异，需要专门的协调机制去应对，需要适应不同情况的国家公园的具体发展，能够用科学的政策和管理方法管理不同的国家公园。

和西方一些发达国家相比，中国缺乏一些专属的基本法，国家林业和草原局须协同相关部门制定和完善国家公园的相关法律和条例规定，因地制宜，各国家公园的管理模式应该有所区别，提高可行性，更加科学地保护和发展国家公园。

采用属地化管理方式往往出现监管缺位的现象。例如2017年7月，中央对祁连山国家级自然保护区出现的保护不力、过度开发问题进行了通报批评，相关责任人受到追责，而祁连山的这种现象只是全国众多自然保护地的缩影，作为国家级别的国家公园必须杜绝这一现象的出现。为此，国家公园在行政管理层次上应该进行改革，着力解决属地管理而导致的保护职能弱化的问题，对各个国家公园进行财政级别划分，对各国家公园所需资金进行统筹规划，强化国家公园的资金保障能力，实现资源保护管理目标的实现，避免出现国家公园资金投入极度不均衡的情况。

5.4.2　资金规划、使用与监督的全方位覆盖

中国幅员辽阔，拥有众多国家公园，它们散落于各地，不仅地理位置各异，面积更是差异巨大。以三江源国家公园为例，其广阔无垠，达12.31万平方千米，几乎与福建省全省面积相当，而钱江源国家公园则小巧精致，仅252平方千米，仅占三江源面积的0.2%，这也彰显了中国自然资源的多样性和丰富性。

为确保国家公园的可持续发展，我们必须实施全方位的资金规划、使用与监督策略。首先，针对每个国家公园的独特性，我们需开展深入细致的前期调研，基于生态保护、基础设施建设、日常运营管理等实际需求，制定出科学、详尽的资金预算方案。明确的预算不仅为资金筹集指明了方向，也为资金的合理分配与高效使用奠定了坚实基础，有效避免了因资金短缺而制约国家公园功能发挥的情况。在此过程中，我们坚决反对"一刀切"的平均主义做法，强调资金配置的灵活性与针对性，确保资金能够随

着时间推移和地点变化而动态调整，实现精准投放。其次，国家公园应积极拓宽融资渠道，通过政府拨款、社会捐赠、生态旅游收益、绿色金融等多种方式，为国家公园的建设、运营、保护筹集充足资金。同时，建立健全资金监管体系，确保资金使用的透明度和合规性，定期对资金投入进行绩效评估，根据评估结果及时调整优化资金投入方案，以实现国家公园整体效益的最大化。

5.4.3　生态资金专款专用的制度保障

国家公园资金来源多元化，用途同样也是多元化的，对于一些专项资金、指定用途资金，应该做到专款专用。国家公园应坚持不同来源不同策略的方式，对资金进行管理，例如从社会渠道筹集的资金，应建立透明的监督机制，使得来源和资金最终流向全部公开透明，获得公众的信任才能保证来源的持续。从政府拨款获得的资金也应成立单独的目录，详细记录资金流向。细化到每一笔开支都进行详细公示，形成一个全方位、透明的公示制度，杜绝款项被挪用的情况发生。

加大对资金浪费、挪用等违规、不法行为进行问责、处罚，从而防微杜渐，避免制度成为摆设，使得国家公园资金应用到合理、合规、合法的地方去。同时，在资金使用过程中，同样要加强监管，以便达到预定目标，达到良好的社会、环境、生态效益。

5.4.4　环保执法与资源保护机制的强化

现有的法律法规日益完善，但在执法过程中存在许多问题，出现执法不严的情况。很容易导致地方保护主义、山头主义等现象的出现，而执法人员一方面自身无人监管，另一方面缺乏积极性、自主性，出现被动执法的现象，一些执法人员在日常工作中，没有积极投入，依赖于专项行动，同时有些执法人员在执法过程中缺乏技巧，容易导致执法矛盾的出现，影响执法效果。对此，必须加大执法力度。对于执法人员的素质应该做好培训工作，提升积极性、技巧性，提高法律执行效果。

参考文献

包庆德, 夏承伯, 2012. 国家公园: 自然生态资本保育的制度保障——重读约翰·缪尔的《我们的国家公园》[J]. 自然辩证法研究 (6): 97–101.

柴海燕, 王璐, 任秋颖, 2019. 国家公园型保护地管理研究述评——基于科学计量及知识图谱分析 [J]. 生态经济 (12): 96–101, 146.

陈丹, 彭蓉, 2019. 台湾地区国家公园环境教育体系浅析——以金门国家公园为例 [J]. 林产工业 (5): 62–64.

陈敬元, 2016. 发展绿色保险的思路与对策 [J]. 南方金融 (9): 14–17.

陈英瑾, 2011. 英国国家公园与法国区域公园的保护与管理 [J]. 中国园林 (6): 61–65.

邓武功, 丁戎, 杨芊芊, 等, 2019. 英国国家公园规划及其启示 [J]. 北京林业大学学报 (社会科学版)(2): 32–36.

邓毅, 毛焱, 2018. 中国国家公园财政事权划分和资金机制研究 [M]. 北京: 中国环境出版集团.

杜文武, 吴伟, 李可欣, 2018. 日本自然公园的体系与历程研究 [J]. 中国园林 (5): 76–82.

费宝仓, 2003. 中美国家重点风景名胜资源管理体制若干问题探讨 [J]. 地理与地理信息科学 (6): 89–92.

丰婷, 2011. 国家公园管理模式比较研究 [D]. 上海: 华东师范大学.

郭宇航, 2013. 新西兰国家公园及其借鉴价值研究 [D]. 呼和浩特: 内蒙古大学.

郭宇航, 包庆德, 2013. 新西兰的国家公园制度及其借鉴价值研究 [J]. 鄱阳湖学刊 (4): 25–41.

韩璐, 吴红梅, 程宝栋, 等, 2015. 南非生物多样性保护措施及启示——以南非克鲁格国家公园为例 [J]. 世界林业研究 (3): 75–79.

何建立, 2016. 中国国家森林公园与美国国家公园规划建设与管理的比较研究 [D]. 雅安: 四川农业大学.

胡宏友, 2001. 台湾地区的国家公园景观区划与管理 [J]. 云南地理环境研究 (1): 53–59.

黄宝荣, 马永欢, 黄凯, 等, 2018. 推动以国家公园为主体的自然保护地体系改革的思考 [J]. 中国科学院院刊 (12): 1342–1351.

蒋新，廖玉玲，2016. 论日本公园管理团体的法律功能及其中国借鉴 [C]// 新形势下环境法的
　　发展与完善——2016年全国环境资源法学研讨会（年会）论文集．

解焱，2018. 自然保护地周边的绿色发展模式 [J]. 旅游学刊 (8): 9-12.

金荣，2020. 日本国家公园入选相关特征研究 [J]. 中国园林 (4): 83-87.

李经龙，张小林，郑淑婧，2007. 中国国家公园的旅游发展 [J]. 地理与地理信息科学 (2): 109-112.

李然，2020. 德国保护地体系评述与借鉴 [J]. 北京林业大学学报 (社会科学版)(1): 12-21.

李如生，2005. 美国国家公园与中国风景名胜区比较研究 [D]. 北京：北京林业大学．

李想，郭晔，林进，等，2019. 美国国家公园管理机构设置详解及其对我国的启示 [J]. 林业经
　　济 (1): 117-121.

联合国环境规划署，2014. 环境署呼吁对全球自然保护区进行可持续性投资 [J]. 世界农业，
　　428(12): 178-179.

林宣佐，2019. 基于绩效评价的我国森林碳汇支持政策体系研究 [D]. 哈尔滨：东北农业大学．

林泽东，2020. 大熊猫国家公园门户小镇旅游发展研究 [D]. 成都：四川师范大学．

刘成林，2008. 中国自然保护区的类型结构现状及其分析 [J]. 南京林业大学学报 (自然科学
　　版)(6): 138-142.

刘馥瑶，陈朝圳，2016. 台湾地区国家公园管理体制发展与趋势 [J]. 世界林业研究 (4): 77-82.

刘红纯，2015. 世界主要国家国家公园立法和管理启示 [J]. 中国园林 (11): 73-77.

刘鸿雁，2001. 加拿大国家公园的建设与管理及其对中国的启示 [J]. 生态学杂志 (6): 50-55.

吕偲，雷光春，2014. 芬兰的保护体系与国家公园 [J]. 森林与人类 (5): 125-127.

马盟雨，李雄，2015. 日本国家公园建设发展与运营体制概况研究 [J]. 中国园林 (2): 32-35.

马雯雯，赵晟鹜，2020. 金融服务林业碳汇发展及问题研究 [J]. 西南金融 (6): 46-55.

马勇，李丽霞，2017. 国家公园旅游发展：国际经验与中国实践 [J]. 旅游科学 (3): 33-50.

马有明，马雁，陈娟，2008. 国外国家公园生态旅游开发比较研究——美国黄石、新西兰峡湾
　　及加拿大班夫国家公园为例 [J]. 昆明大学学报 (2): 46-49.

潘瑞，沈月琴，杨虹，等，2020. 中国森林碳汇需求研究 [J]. 林业经济问题 (1): 14-20.

钱者东，郭辰，吴儒华，等，2016. 中国自然保护区经济投入特征与问题分析 [J]. 生态与农村
　　环境学报 (1): 35-40.

邱守明, 2018. 国家公园生态旅游发展对农户收入影响的实证研究 [D]. 北京：北京林业大学.

申世广, 姚亦锋, 2001. 探析加拿大国家公园确认与管理政策 [J]. 中国园林 (4): 91–93.

沈兴兴, 马忠玉, 曾贤刚, 2015. 我国自然保护区资金机制改革创新的几点思考 [J]. 生物多样性 (5): 695–703.

石健, 黄颖利, 2019. 国家公园管理研究进展 [J]. 世界林业研究 (2): 40–44.

束晨阳, 2016. 论中国的国家公园与保护地体系建设问题 [J]. 中国园林 (7): 19–24.

苏杨, 胡艺馨, 何思源, 2017. 加拿大国家公园体制对中国国家公园体制建设的启示 [J]. 环境保护 (20): 60–64.

孙琨, 钟林生, 马向远, 2017. 钱江源国家公园体制试点区扩源增效融资策略研究 [J]. 资源科学 (1): 30–39.

唐芳林, 2010. 中国国家公园建设的理论与实践研究 [D]. 南京：南京林业大学.

天恒可持续发展研究所, 保尔森基金会, 环球国家公园协会, 2019. 国家公园体制的国际经验及借鉴 [M]. 北京：科学出版社：115–119.

田世政, 杨桂华, 2011. 中国国家公园发展的路径选择：国际经验与案例研究 [J]. 中国软科学 (12): 6–14.

汪劲, 2020. 论《国家公园法》与《自然保护地法》的关系 [J]. 政法论丛 (5): 128–137.

王博, 王越, 王丽, 等, 2020. 美国自然保护地体系及资金机制浅析 [J]. 国土资源情报 (4): 17–23.

王辉, 刘小宇, 郭建科, 等, 2016. 美国国家公园志愿者服务及机制——以海峡群岛国家公园为例 [J]. 地理研究 (6): 1193–1202.

王江, 许雅雯, 2016. 英国国家公园管理制度及对中国的启示 [J]. 环境保护 (13): 63–65.

王连勇, 霍伦贺斯特·斯蒂芬, 2014. 创建统一的中华国家公园体系——美国历史经验的启示 [J]. 地理研究 (12): 2407–2417.

王晓霞, 吴健, 2017. 中国自然保护区财政资金投入水平分析 [J]. 环境保护 (11): 53–57.

王应临, 杨锐, 埃卡特, 等, 2013. 英国国家公园管理体系评述 [J]. 中国园林 (9): 11–19.

王正早, 贾悦雯, 刘峥延, 等, 2019. 国家公园资金模式的国际经验及其对中国的启示 [J]. 生态经济 (9): 138–144.

王祝根, 李晓蕾, 史蒂芬·J. 巴里, 2017. 澳大利亚国家保护地规划历程及其借鉴 [J]. 风景园林 (7): 57–64.

吴承照, 2015. 保护地与国家公园的全球共识——2014IUCN 世界公园大会综述 [J]. 中国园林, 31(11): 69–72.

吴后建, 但新球, 舒勇, 等, 2015. 中国国家湿地公园: 现状、挑战和对策 [J]. 湿地科学 (3): 306–314.

吴健, 王菲菲, 余丹, 等, 2018. 美国国家公园特许经营制度对我国的启示 [J]. 环境保护 (24): 69–73.

向宝惠, 曾瑜晢, 2017. 三江源国家公园体制试点区生态旅游系统构建与运行机制探讨 [J]. 资源科学 (1): 50–60.

谢屹, 李小勇, 温亚利, 2008. 德国国家公园建立和管理工作探析——以黑森州科勒瓦爱德森国家公园为例 [J]. 世界林业研究 (1): 72–75.

邢一明, 马婷, 桑卫国, 2020. 论国家公园公益性建设 [J]. 中央民族大学学报 (自然科学版) (1): 43–48.

徐瑾, 黄金玲, 李希琳, 等, 2017. 中国国家公园体系构建策略回顾与探讨 [J]. 世界林业研究 (4): 58–62.

徐杨洁, 2013. "门票经济" 背后的思维扭曲——与美国国家公园相比较 [J]. 现代物业 (中旬刊)(4): 4–5.

薛达元, 包浩生, 1995. 森林公园在我国自然保护区系统中的地位 [J]. 生物多样性 (3): 170–173.

杨桂华, 牛红卫, 蒙睿, 等, 2007. 新西兰国家公园绿色管理经验及对云南的启迪 [J]. 林业资源管理 (6): 96–104.

杨锐, 2001. 美国国家公园体系的发展历程及其经验教训 [J]. 中国园林 (1): 62–64.

杨锐, 2003. 试论世界国家公园运动的发展趋势 [J]. 中国园林 (7): 10–15.

杨喆, 吴健, 2019. 中国自然保护区的保护成本及其区域分布 [J]. 自然资源学报 (4): 839–852.

张海霞, 汪宇明, 2009. 旅游发展价值取向与制度变革: 美国国家公园体系的启示 [J]. 长江流域资源与环境 (8): 738–744.

张海霞, 汪宇明, 2010. 可持续自然旅游发展的国家公园模式及其启示——以优胜美地国家公园和科里国家公园为例 [J]. 经济地理 (1): 156–161.

张宏亮, 2010. 20世纪70—90年代美国黄石国家公园改革研究 [D]. 石家庄: 河北师范大学.

张利明, 2018. 美国国家公园资金保障机制概述——以2019财年预算草案为例 [J]. 林业经济 (7): 71–75.

张全洲, 陈丹, 2016. 台湾地区国家公园分区管理对大陆自然保护区的启示 [J]. 林产工业 (6): 59–62.

张莹, 黄颖利. 森林碳汇项目有助于减贫吗? [J]. 林业经济问题, 2019(1): 71–76.

张颖, 2018. 加拿大国家公园管理模式及对中国的启示 [J]. 世界农业 (4): 139–144.

张玉钧, 薛冰洁, 2018. 国家公园开展生态旅游和游憩活动的适宜性探讨 [J]. 旅游学刊, 33(8): 14–16.

赵凌冰, 2019. 基于公众参与的日本国家公园管理体制研究 [J]. 现代日本经济 (3): 84–94.

赵人镜, 尚琴琴, 李雄, 2018. 日本国家公园的生态规划理念、管理体制及其借鉴 [J]. 中国城市林业 (4): 71–74.

赵悦, 2020. 国家公园体制建设中自然资源使用权管制与补偿问题研究 [J]. 湖南师范大学社会科学学报 (3): 26–32.

赵智聪, 彭琳, 杨锐, 2016. 国家公园体制建设背景下中国自然保护地体系的重构 [J]. 中国园林 (7): 11–18.

赵智聪, 王沛, 许婵, 2020. 美国国家公园系统特许经营管理及其启示 [J]. 环境保护, 48(8): 70–75.

郑文娟, 李想, 2018. 日本国家公园体制发展、规划、管理及启示 [J]. 东北亚经济研究 (3): 100–111.

郑月宁, 贾倩, 张玉钧, 2017. 论国家公园生态系统的适应性共同管理模式 [J]. 北京林业大学学报 (社会科学版)(4): 21–26.

中华人民共和国国务院, 2016. 风景名胜区条例 [Z]. 修订版. 北京: 国务院.

中华人民共和国国务院, 2017. 中华人民共和国自然保护区条例 [Z]. 修订版. 北京: 国务院.

中华人民共和国生态环境部, 2019. 中国生态环境状况公报 [R]. 北京: 中华人民共和国生态环境部.

钟永德, 徐美, 刘艳, 等, 2019. 典型国家公园体制比较分析[J]. 北京林业大学学报(社会科学版)(1): 45–51.

周永振, 2009. 美国国家公园公益性建设的启示[J]. 林业经济问题, 29(3): 260–264.

朱里莹, 徐姗, 兰思仁, 2016. 国家公园理念的全球扩展与演化[J]. 中国园林, 32(7): 36–40.

庄优波, 2014. 德国国家公园体制若干特点研究[J]. 中国园林, 30(8): 26–30.

AGENCY P C, 2019. Quarterly Financial Report for the Quarter Ended June 30[R]. Austin, Tx: Texas State Publications, 1–11.

AN L T, MARKOWSKI J, BARTOS M, 2018. The Comparative Analyses of Selected Aspects of Conservation and Management of Vietnam's National Parks[J]. Nature Conservation(4): 1–30 .

BARKER A, STOCKDALE A, 2008. Out of the Wilderness? Achieving Sustainable Development Within Scottish National Parks[J]. Journal of Environmental Management(1): 181–193.

BEDNAR-FRIEDL B, GEBETSROITHER B, GETZNER M, 2009. Willingness to Pay for Species Conservation Programs: Implications for National Park Funding[J]. Eco Mont-journal on Protected Mountain Areas Research(1): 9–14.

COCHRANE J, 2006. Indonesian National Parks: Understanding Leisure Users[J]. Annals of Tourism Research(4): 979–997.

CRAIGIE I D, BARNES M D, JONAS G, et al., 2015. International Funding Agencies: Potential Leaders of Impact Evaluation in Protected Areas?[J]. Philosophical Transactions of the Royal Society of London. Series B, Biological Ences(1681): 20140283.

HEAGNEY E C, KOVAC M, FOUNTAIN J, et al., 2015. Socio-economic Benefits From Protected Areas in Southeastern Australia[J]. Conservation Biology(6):1647–1657.

KUBO T, SHOJI Y, TSUGE T, et al., 2018. Voluntary Contributions to Hiking Trail Maintenance: Evidence From a Field Experiment in a National Park, Japan[J]. Ecological Economics(144): 124–128.

MACHAIRAS I, HOVARDAS T, 2005. Determining Visitors' Dispositions Toward the Designation of a Greek National Park.[J]. Environmental Management(1): 73–88.

MENDES I, PROENCA I, 2011. Measuring the Social Recreation Per-day Net Benefit of the Wildlife Amenities of a National Park: a Count-data Travel-cost Approach[J]. Environmental

Management(5): 32–920.

National Natural Science Foundation of China. (2019). National Natural Science Foundation of China 2019 annual report. Retrieved October 1, 2023, from https://www.nsfc.gov.cn/nsfc/cen/ndbg/2019ndbg/index.html.

NOVELLI M, SCARTH A, 2007. Tourism in Protected Areas: Integrating Conservation and Community Development in Liwonde National Park (malawi)[J]. Tourism & Hospitality Planning & Development(1): 47–73.

SELBY A, PETJIST L, HUHTALA M, 2011. The Realisation of Tourism Business Opportunities Adjacent to Three National Parks in Southern Finland: Entrepreneurs and Local Decision-makers Matter[J]. Forest Policy & Economics(6): 446–455.

VENTER F J,NAIMAN R J,PIENAAR H C, 2008. The Evolution of Conservation Management Philosophy: Science, Environmental Change and Social Adjustments in Kruger National Park[J]. Ecosystems(2): 173–192.